博碩文化

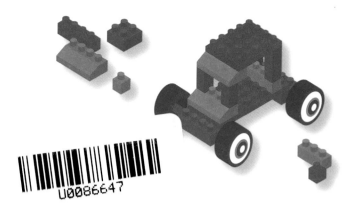

U0086647

APP INVENTOR 2

鄭苑鳳、黃乾泰 著

輕鬆學

手機應用程式簡單做 第二版

暢銷回饋版

易學易懂的圖解說明
加深學習者的印象與使用技巧

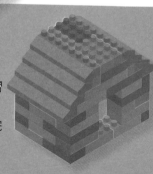

- 以深入淺出的方式，站在無程式背景的學習者角度思考，目的是讓學習者利用邏輯思維與執行步驟來思考問題和解決問題。

- 每章都有多個應用範例，範例精緻且多樣化，依照指示進行設定都能完成編排。

- 以「做中學」的方式，讓學習者將所學到的組件應用在實際的範例之中。

- 本書是全方位的 APP Inventor 學習教材，除了學習程式模塊的運用技巧外，圖像的設計製作也有著墨，讓學習者跟著附錄的解說，也能加入精美的圖案或背景插圖，輕鬆美化生硬的版面。

本書如有破損或裝訂錯誤，請寄回本公司更換

作　　者：鄭苑鳳、黃乾泰
責任編輯：Cathy、魏聲圩

董 事 長：陳來勝
總 編 輯：陳錦輝

出　　版：博碩文化股份有限公司
地　　址：221 新北市汐止區新台五路一段 112 號 10 樓 A 棟
　　　　　電話 (02) 2696-2869 傳真 (02) 2696-2867

發　　行：博碩文化股份有限公司
郵撥帳號：17484299　戶名：博碩文化股份有限公司
博碩網站：http://www.drmaster.com.tw
讀者服務信箱：dr26962869@gmail.com
訂購服務專線：(02) 2696-2869 分機 238、519
（週一至週五 09:30 ～ 12:00；13:30 ～ 17:00）

版　　次：2023 年 10 月三版一刷

建議零售價：新台幣 550 元
I S B N：978-626-333-631-5
律師顧問：鳴權法律事務所 陳曉鳴律師

國家圖書館出版品預行編目資料

App Inventor 2輕鬆學：手機應用程式簡單做/
鄭苑鳳, 黃乾泰著. -- 三版. -- 新北市：博碩文化
股份有限公司, 2023.10

　　面；　公分

ISBN 978-626-333-631-5(平裝)

1.CST: 系統程式 2.CST: 電腦程式設計

312.52　　　　　　　　　　　112016997

Printed in Taiwan

歡迎團體訂購，另有優惠，請洽服務專線
博 碩 粉 絲 團 (02) 2696-2869 分機 238、519

商標聲明

本書中所引用之商標、產品名稱分屬各公司所有，本書引用
純屬介紹之用，並無任何侵害之意。

有限擔保責任聲明

雖然作者與出版社已全力編輯與製作本書，唯不擔保本書及
其所附媒體無任何瑕疵；亦不為使用本書而引起之衍生利益
損失或意外損毀之損失擔保責任。即使本公司先前已被告知
前述損毀之發生。本公司依本書所負之責任，僅限於台端對
本書所付之實際價款。

著作權聲明

本書著作權為作者所有，並受國際著作權法保護，未經授權
任意拷貝、引用、翻印，均屬違法。

序 言

　　這是個資訊爆炸的時代，很多程式語言、應用軟體、硬體設備…等更新的速度已超乎大家的想像，往往學校所學的知識技能，兩三年之後就跟不上時代的潮流，因應這樣的世代變遷，資訊教育不再以軟體使用為主軸，而是轉向激發學生的創造力、邏輯思考力、以及解決問題的能力。讓學生除了學習應用程式的基礎概念外，還能夠有創造發明的能力，利用他人的經驗加上個人的創意，使原有的東西產生質變，如此才能跟得上瞬息萬變的潮流，不會被淘汰淹沒。

　　App Inventor 和 Scratch 一樣，都是以模塊的方式來拼接程式，而 App Inventor 可以讓沒有程式基礎概念的人也能開發 Android 手機上的應用程式。由於設計與開發都在雲端伺服器上，而連線測試可直接在手機上進行，可說是相當的便利。

　　本書以深入淺出的方式，站在無程式背景的學習者角度來思考，目的是讓學習者利用邏輯思維與執行步驟來思考問題和解決問題，運用 App Inventor 所提供的程式模塊，輕鬆設計出各種豐富而精彩的 APP 專案。每章之後都有多個應用範例，範例精緻且多樣化，依照指示進行設定都能完成編排。以「做中學」的方式，讓學習者將所學到的組件應用在設計之中，而程式的解說過程中，筆者力求簡單明瞭，一步步指引學習者來面對問題和解決問題。

　　本書是全方位的 APP Inventor 學習教材，除了學習程式模塊的運用技巧外，圖像的設計製作也有著墨，讓學習者跟著附錄的解說，也能加入精美的圖案或背景插圖，輕鬆美化生硬的版面。學習者在進行專案開發時，也應當以本書的範例作為標準，讓自己設計出來的應用程式也能擁有水噹噹的外觀。

　　本書是筆者精心規劃所完成，若還有疏漏錯誤之處，還請先輩們多多指教，期望這本書的出版，讓更多無程式背景的人也能愛上 APP Inventor，運用它將自己的創意轉化成實際的應用程式。

目 錄

01 App Inventor 簡介

02　用戶介面與介面布局

03 程式基礎運算

04　控制／清單／對話框應用

05　多媒體影音應用

06　繪圖動畫應用

07 網路資源整合運用

08　社交應用 - 電話／簡訊／聯絡人

09 上架到 Google Play

A 以免費影像處理軟體 GIMP 編修圖片

本書是專為毫無程式設計背景的人所撰寫，讓學習者利用邏輯思維與執行步驟來思考問題和解決問題，靈活運用 App Inventor 所提供的程式模塊，輕鬆設計出各種豐富而精采的 APP 專案。

書中規劃了「簡單做設計」和「密技」單元，讓學習者輕鬆運用介紹的功能來編排版面或設定組件的程式模塊，而「範例」則是將該章節所學到功能技巧，靈活運用到日常生活的 APP 專案中。此外，本書所規劃的「附錄」，將一般讀者不熟悉的影像處理也一併做介紹，對於如何製作去背景的按鈕，製作有陰影效果的圖案，以及如何製作螢幕背景圖的技巧都一併做介紹，讓讀者不再為插圖的設計傷腦筋。下面則是將各章範例所設計的目的與學習重點簡要說明如下：

第一章　範例

外國人學中文

說明 ▶

1. 熟悉組件運用方式、模塊堆疊技巧、以及測試方法，輕鬆了解整個專案的開發過程。
2. 學會製作螢幕圖示和退出 APP 程式。

第二章　用戶界面與介面布局範例

念中文給你聽

說明 ▶

讓用戶在輸入框中輸入中文，按下藍色按鈕自動將所輸入的中文字轉換成語音念出。

動態按鈕與聲效設定

說明 ▶

練習動態按鈕的設定與音效的處理,讓用戶按下圖案式的按鈕時,會發出「發財」的音效。

設置多重螢幕

說明 ▶

介紹多重螢幕的表現方式,讓用戶可以做上層或下層的往返,以及內容的選取。

相簿瀏覽

說明 ▶

應用「水平捲動配置」組件,讓多張相片縮圖可以在此組件中左右拉動和選取,點選其中的任一縮圖,就會將大張圖像顯示在下方。

第三章 程式基礎運算範例

個人資料填寫

說明 ▶

1. 以個資的填寫作介紹,學習標籤、按鈕、文字輸入盒、日期選擇器等組件的使用。

2. 學習將所輸入的資料合併顯示在指定的標籤中,讓用戶按下「輸入資料確認」鈕,可在下方欄位看到自己所輸入的資料是否正確。

身體質量指數 BMI 計算

說明 ▶

1. 讓用戶透過手機輸入個人的身高與體重值，按下「開始計算」鈕可以知道自己的 BMI 值，按下「清除重算」則自動清除身高、體重、BMI 等欄位的資料。

2. 學習數學的除法運算和次方的使用。

簡易數學運算

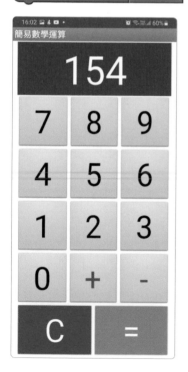

說明 ▶

1. 學習以表格配置來整齊排列數字按鍵。

2. 熟悉算術的運算，學習全域變數的使用技巧。

3. 讓用戶可以進行兩筆數值的相加或相減。

第四章 控制／清單／對話框應用範例

基本資料單選

說明 ▶

1. 介紹到「複選盒」組件在單選選項的使用。

2. 運用單向判斷式，也就是「如果，則」的使用，再利用邏輯運算來判斷資料的「真」或「假」。

基本資料複選

說明 ▶

介紹「複選盒」組件在複選選項上的使用。

選課系統

手機顯示效果

第一層清單（課程類別）

第二層清單（主修）

第二層清單（選修）

顯示選課內容

說明 ▶

1. 讓用戶直接透過手機來選取想要主修和選修的科目，同時將所選取的課程列表於下方以利核對。

2. 學習變數的設置與清單的建立。

相片瀏覽器

說明 ▶

1. 運用清單建立、單向判斷式、顯示警告訊息等功能，加上「畫布」功能，讓用戶按下「往前瀏覽」或「往後瀏覽」鈕可以依序瀏覽相片。

2. 當相片已切換到第一張或最後一張時，畫面中央就出現警告訊息來提醒用戶注意。

第五章 多媒體影音應用範例

歌曲點播器

說明 ▶

1. 讓用戶自由選取想要聆聽的歌曲，每首歌曲之下設有「播放」、「暫停」、「停止」等鈕，「播放」鈕開始播放音樂，按「暫停」鈕會變更為「繼續」鈕，只要按下「繼續」鈕，音樂會從剛剛暫停處開始播放，「停止」鈕是停止聲音播放。

2. 運用雙向判斷式「如果，則，否則」，還有「文字比較」，以便判斷兩邊的文字是否相同。

說明 ▶

學習使用「音效」組件來播放較短的音訊檔,讓用戶按下琴鍵,就可以彈奏出簡單的歌曲。

說明 ▶

1. 介紹「錄影機」和「影片播放器」兩個組件的使用,讓用戶透過「開始錄影」鈕啟動手機裝置上的錄影機功能錄製影像,按下「播放影片」鈕則啟動影片播放器功能播放剛剛錄製的影片。下方顯示錄製的影片,而點選手機下方還會出現滑動鈕來控制影片播放的位置。

2. 學習定義程序和呼叫程序。

色彩調配器

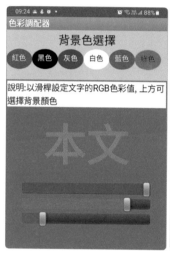 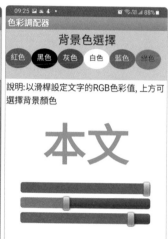

說明 ▶

1. 讓用戶可以選擇紅、黑、灰、白、藍、綠等背景顏色,而前面的文字色彩則是透過滑桿來自行控制,讓用戶可在手機螢幕上觀看文字與背景的對比效果。

2. 學習合成顏色的方式,讓色彩運用更多元化。

第六章 繪圖動畫應用範例

滾球大小控制

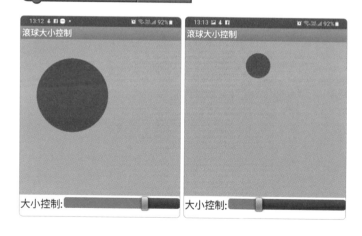

說明 ▶

1. 學習如何使用滑桿組件來控制球形精靈的大小。

2. 以手指滑動滾球可控制滾球的方向,而球形精靈移動到達邊界時還會自動反彈。

點線塗鴉

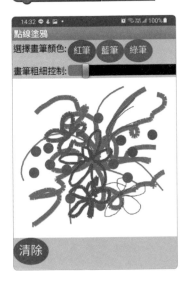

說明 ▶

讓用戶透過紅、藍、綠三種顏色的畫筆來進行點或線條的塗鴉。滑桿可控制畫筆的粗細,讓用戶能夠盡情地在畫布上隨意地塗鴉抒發心情,不滿意就按「清除」鈕清除畫作。

為自拍相片塗鴉

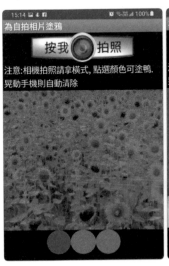 

說明 ▶

讓用戶在自拍的相片上塗鴉。按下拍照按鈕會啟動照相機功能進行拍照,然後將拍攝的畫面顯示在畫布上,用戶可以利用下方的紅色、橙色、洋紅等色彩在相片上塗塗畫畫,不滿意則直接搖晃手機進行筆畫的清除。

以連續圖做動畫

F001.jpg　　F002.jpg　　F003.jpg　　F004.jpg

F005.jpg　　F006.jpg　　F007.jpg

說明 ▶

1. 介紹如何將多張連續圖片顯現成動畫效果。

2. 學習畫布、圖像精靈、計時器等組件的整合應用

貓捉老鼠遊戲

說明 ▶

讓用戶利用手指尖拖曳螢幕上的貓來移動位置,只要貓有碰觸到老鼠就可以得到一分,分數可以不斷增加,若按下「重設」鈕就讓分數歸零。

第七章 網路資源整合運用範例

使用捲動配置瀏覽官方網頁

說明 ▶

1. 這個範例應用到「水平捲動配置」的組件，讓較多的公家單位可以在有限的範圍中顯示出來。用戶所點選的公家單位，都會將其官網顯示在下方的「網路瀏覽器」之中。

2. 學習網路瀏覽器組件的使用與設定。

輸入網址瀏覽網頁

說明 ▶

1. 讓用戶可以直接在 App 上輸入網址，按下「瀏覽」鈕即可前往可該網站進行網頁的瀏覽。

2. 學習網路瀏覽器組件的使用與設定

Google Maps 地標搜尋

手機預設畫面　　　　輸入搜尋的結果

說明 ▶

1. 讓用戶可在 App 專案中直接進行地標的搜尋。

2. 學習以 Activity 啟動器調用 Google Maps。

導航至指定地點 - 高雄義大世界

手機顯示畫面　　按下導覽鈕導航至高雄義大

說明 ▶

1. 以「高雄義大世界」做示範說明，讓商家透過 App 程式進行自家商品 (網站) 的介紹，一方面也將客戶引領到自家店門口。

2. 提供導航功能，讓手機用戶可以從目前的所在位置導航到指定的地點 - 高雄義大。

3. 學習位置感應器、Activity 啟動器、網路瀏覽器的整合運用。

活動宣傳 -Google 地圖 //YouTube 影片 /Mail 連結

手機呈現效果　　　　活動地點連結

說明 ▶

整合運用 Activity 啟動器與圖像功能，讓用戶可以直接在 APP 專案中看到活動的相關資訊、連結到活動地點、看到宣傳的 YouTube 影片，甚至可以直接連結到主辦單位的電子郵件信箱聯繫事情。

YouTube 影片連結　　　電子郵件連結

第八章 社交應用範例

撥打電話 & 發送訊息

說明 ▶

1. 示範撥打電話和發送簡訊的方式，用戶只要輸入手機號碼，按下「撥打電話」鈕就可以撥通手機，而輸入電話號碼與要傳送的訊息，按下「發送簡訊」鈕，就能將訊息傳到對方的手機上。

2. 學習電話撥號器與簡訊功能的使用。

由手機選取聯絡人並發送訊息

說明 ▶

1. 介紹如何在用戶的手機上，取得要發送簡訊的聯絡人姓名和電話號碼，在輸入簡訊內容後，按「發送簡訊」鈕就可以將簡訊傳送到對方手機中。

2. 學習聯絡人選擇器、電話撥號器與簡訊功能的使用。

分享相片與心情故事

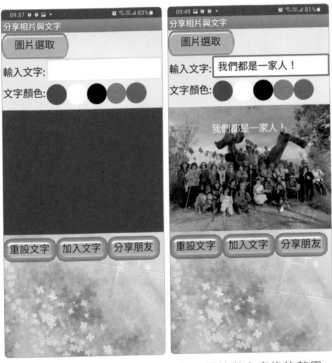

手機預設畫面　加入相片與文字後的效果

說明 ▶

1. 透過手機選取已拍攝的相片，讓用戶可以在相片上加入文字和設定文字顏色，以訴說個人的心情，然後將編輯的畫面儲存起來，再分享給其他社群軟體中的朋友。設定的文字或顏色不適當，也可以按下「重設文字」鈕重新調整文字與色彩。

2. 整合運用圖像選取器、畫布、分享等功能。

01

App Inventor 簡介

- 建構 App Inventor 開發環境
- App Inventor 架構與環境介紹
- 認識 App Inventor 模塊
- 專案管理與維護
- 測試專案
- 建立與測試我的第一個 App 專案 – 外國人學中文
- 製作螢幕圖示與退出 APP 程式

　　App Inventor 是 Google 所提供的 Android 開發環境，只要有 Google 帳戶皆可以免費使用。這套程式是使用圖形化的模塊來做堆疊鑲嵌，讓使用者可以透過控制、邏輯、數學、文字、清單、顏色、變數、程序等類型的程式積木，來開發 Android 系統上的應用軟體，以圖像方式呈現的積木讓一般人能輕鬆上手，可將個人的創意展現出來。由於設計過程中必須透過邏輯思考來排列組合積木，設計過程中難免碰到困難，一旦問題排解，所得到的快樂是難以形容，而且也可以將開發的作品與他人分享。

　　App Inventor 算是用「玩」的方式寫程式的工具軟體，所有程式指令是靠模塊堆疊而成，並不需要記憶複雜的程式語法，所以使用者能夠將重心放在創意發想、思考問題與解決問題上。

　　在台灣從 108 學年度起，撰寫程式已列入國高中必修課程，寫程式不再是資訊相關科系的專業，而是全民的基本能力，新世代的潮流，唯有將「創意」經由「思考過程」，把遇到的問題一一解決，才能將夢想化為真實的「成品」，同時因應這個快速變遷的世代。

　　智慧型手機人人都有，想要投入 Android 應用程式的開發，又對艱澀難懂的程式語言感到畏懼，那麼 App Inventor 將是最佳的選擇。這一章節我們將從建構 App Inventor 開發環境開始說起，介紹它的環境介面與程式模塊、告訴各位專案的管理技巧與維護方式，同時實作一個小專案，學會實機的安裝與測試，讓各位對 App Inventor 的使用有個初步的認識。即使你沒有任何的程式背景也沒關係，一樣可以上手開發屬於個人創意成果的手機應用程式。

1-1　建構 App Inventor 開發環境

　　想要建置 App Inventor 的開發環境並不難，因為使用 Google 瀏覽器就可以開發 App Inventor 程式，所有作業都在瀏覽器上完成，但是個人必須擁有 Google 帳戶才能開始使用。對於 Windows 用戶來說，建議使用 Chrome 或 Firefox 作為瀏覽器，Internet Explorer 則不適用。為了方便做專案的實機測試，各位可以從手機下載 MIT AI2 Companion 的 App 應用程式，那麼建構開發環境就可搞定。

1-1-1 申請 Google 帳戶

由於 App Inventor 是 Google 所推出的應用軟體，擁有 Google 帳戶才可以免費使用。如果你已經有 Google 帳戶，那麼就跳過此部分，準備 App Inventor 開發套件的下載與安裝。如果還沒有帳戶，請連至如下網址建立個人的 Google 帳戶，網址為「https://accounts.google.com/signup/v2/webcreateaccount?hl=zh-TW&flowName=GlifWeb SignIn&flowEntry=SignUp」。

❶ 輸入網址

❷ 由此輸入資料，建立個人帳戶

建立 Google 帳戶時需要真實姓名、使用者名稱、密碼、生日、性別、行動電話、地區等相關資訊，這些資訊的提供有助於帳戶安全的提升，也可以讓 Google 提供更多實用的服務。而 Google 帳戶所設定的使用者名稱和密碼，也可以用來登入 Gmail 和其他 Google 產品。

1-1-2　手機安裝 MIT AI2 Companion App

　　想要在手機上直接測試專案，必須在手機上安裝 MIT AI2 Companion App，請在手機上點選「Play 商店」的圖示鈕，在搜尋列上輸入「mit ai2」的關鍵字，就可以找到「MIT AI2 Companion App」的 App 程式，允許並接受該程式存取所需的相關資訊，安裝完成後就會在手機桌面上看到該程式的圖示鈕。

由「Play 商店」搜尋 MIT AI2 Companion App

安裝完成後所顯示的圖示鈕

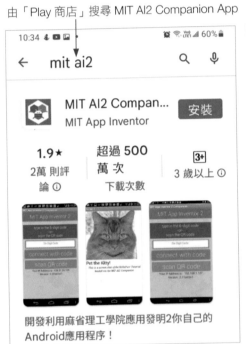

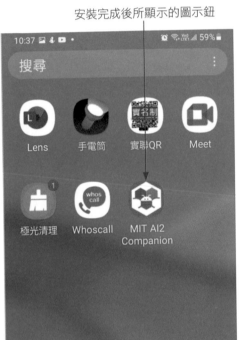

1-1-3　進入 App Inventor 2 開發網頁

　　App Inventor 的開發環境主要是網頁平台，而且必須以 Google 帳戶才可登入 App Inventor 2 的開發頁面。請在 Google Chrome 瀏覽器的網址列上輸入「http://ai2. appinventor.mit.edu」網址，頁面出現 Google 帳戶登入的畫面時，自行輸入個人的帳號密碼進行登入。

當出現歡迎使用 App Inventor 視窗時按下「continue」鈕繼續，就可以進入並看到如下的英文操作介面。由於還沒有創建任何的應用項目，所以會出現對話框告訴使用者可以按下視窗右側的「Guide」鈕學習如何使用 App Inventor，或是透過視窗左側的「Start new project」鈕嘗試開發第一個專案。

按「Start new project」鈕嘗試開發第一個專案

按「Guide」鈕
學習如何使用
App Inventor

1-1-4 設定中文操作環境

App Inventor 已發展成多國語言，對於中文的使用者來說，不妨將介面切換成繁體中文，這樣使用起來更無障礙。由網頁右上角按下「English」鈕，下拉選擇「正體中文」的選項就可搞定。

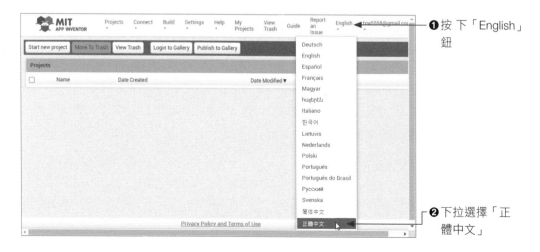

❶按 下「English」
鈕

❷下拉選擇「正
體中文」

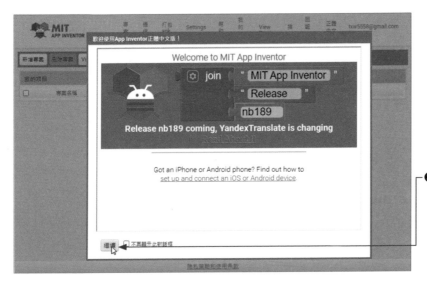

❸在歡迎視窗中按下「繼續」鈕後，就可以看到 App Inventor 的漢化版

1-2 App Inventor 架構與環境介紹

前面一小節我們已經將 App Inventor 環境建構完成，接下來就是了解 App Inventor 的操作介面。由於開發 App 需要先設計程式的「外觀」，接著才設計程式的「行為」，所以操作介面也會有兩種：一個是「程式設計」介面，另一個是「畫面編排」介面。使用者必須先新建專案項目後，才能顯現它的介面配置。

1-2-1 新增專案

首先在網頁左上角按下「新增專案」鈕，當出現對話框時輸入新專案的名稱，按下「確定」鈕即可進入操作介面。要注意的是，專案名稱必須以「字母」開頭才行，而且只能是大小寫的英文字母、數字、或是下底線「_」符號，如果違反了命名規則，系統就不會讓各位建立新專案。

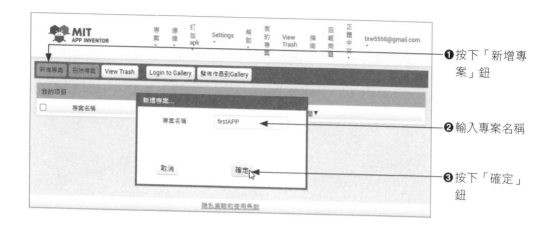

❶ 按下「新增專案」鈕

❷ 輸入專案名稱

❸ 按下「確定」鈕

1-2-2 「畫面編排」介面

建立專案項目後，首先映入眼簾的是「畫面編排」的介面，此介面主要在編排 App 應用程式的外觀，像是按鈕、標籤、圖像…等各種組件的配置。組件的選用可從左側的「組件面板」進行類別的切換，選定要使用的組件後再拖曳到「工作面板」中進行編排，而「組件列表」會列出目前專案中所有使用到的組件，由該處點選組件圖示，就能在右側的「組件屬性」進行屬性的設定。

專案名稱　「工作面板」顯示程式外觀與組件配置

介面切換鈕

列出專案中所有使用到的組件

針對選定的組件進行屬性設定

「組件面板」顯示 App Inventor 所提供的各項組件與分類

1-2-3 「程式設計」介面

在視窗右上角按下「程式設計」鈕將會切換到「程式設計」介面，此介面主要在設計程式的「行為」。使用者先選用左側「模塊」區中的程式模塊，再到「工作面板」中進行程式流程設計。

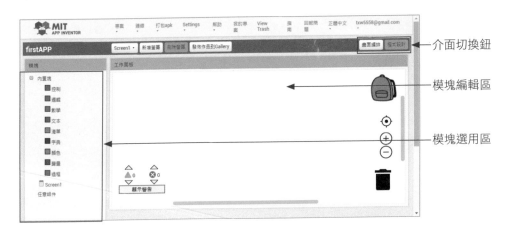

1-3 認識 App Inventor 模塊

在「程式設計」介面中，模塊的拼接就像小孩子玩樂高積木一樣簡單有趣，因為所有撰寫程式需要用到的拼接積木都放置在「模塊」區之中，使用者只要了解模塊的類型、色彩所代表的涵義以及拼接技巧，就能透過模塊的堆疊來完成 App 程式設計。

1-3-1 模塊類型

App Inventor 的「模塊」區共包含如下三種類型：

▶ 內置塊

位在「模塊」區的上方，是系統內建的程式模塊，依類別區分為控制、邏輯、數學、文本、清單、字典、顏色、變量、過程等九項。點選任一類別時，右側就會自動顯

示相關的積木，直接拖拉積木到工作面板，或是以滑鼠按點一下，就能在工作面板中進行拼接。像是需要做邏輯的運算、變數的宣告、流程的控制…等，都可由此做選擇。

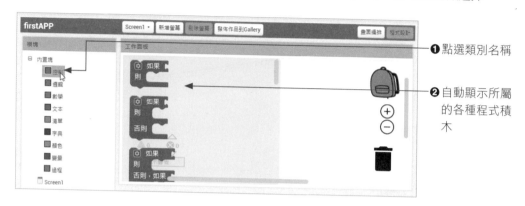

❶ 點選類別名稱

❷ 自動顯示所屬的各種程式積木

▶ Screen1

　　Screen1 會顯示專案設計中所使用到的組件，也就是各位在「工作面板」中所配置的所有組件，諸如：按鈕、標籤、文字輸入框…等。點選其中的組件會自動呼叫相對應的模塊供使用者選用，以作為事件的觸發、方法、及屬性的設定。點選不同的組件，其顯示的事件、方法及屬性也會不同。基本上只要以拖拉的方式就可以拼出自己想要的程式功能。

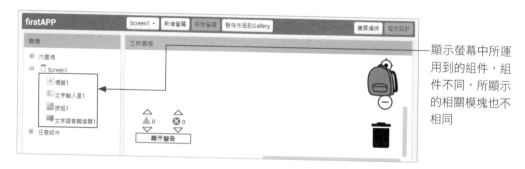

顯示螢幕中所運用到的組件，組件不同，所顯示的相關模塊也不相同

▶ 任意組件

　　這裡所顯現的組件可一次性的對 Screen 中的某一組件進行群體設定。

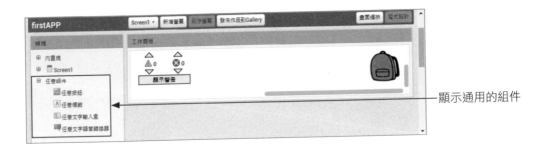

━━ 顯示通用的組件

1-3-2　模塊色彩與涵義

在「程式設計」介面裡，點選 Screen1 中的組件名稱時，右側會列出該組件的所有事件、方法、屬性相關的模塊。

程式設計中，「事件」是程式流程的核心，它必須通過某種動作才能觸發事件，例如：「按鈕」被點擊、「文字輸入盒」被輸入文字、「畫布」被碰觸、當計時器計時、當滑桿位置被改變…等，屬於被動發生的行為。

「方法」代表對一個事件的處理方式，由於是組件本身已具有的功能，因此只要讓組件執行該動態動作即可。像是：呼叫畫布畫線、呼叫照相機拍照、呼叫文字語音轉換器念讀本文…等，屬於主動發生的行為。

「屬性」則看作是組件的靜態特徵，例如：按鈕的顏色／大小、文字模塊的寬／高／顏色等就是屬性，用以改變組件的外觀或特性。

程式設計者可決定如何變更屬性、呼叫那些方法、回應那些事件，以得到所要的外觀和結果。在進行 App 開發時，我們經常透過「按鈕」或「文字輸入盒」來和用戶進行溝通，所以當用戶按下按鈕（觸發事件的發生），就會執行某些動作，而執行的動作便是我們要利用模塊拼接而成的程式碼。

各位可能注意到，系統所出現的模塊有著不同的顏色和形狀，這是讓使用者辨識之用，了解各種顏色所代表的涵義，就能讓模塊順利的拼接在一起。如下圖所示：

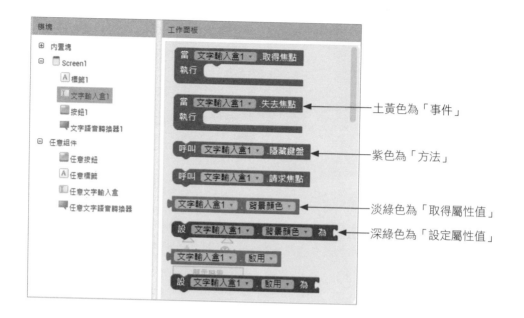

淡綠色為「取得屬性值」

深綠色為「設定屬性值」

土黃色為「事件」

紫色為「方法」

1-3-3 模塊拼接技巧

　　建立模塊的方法很簡單，先點選組件名稱，再點選要使用的模塊，該模塊就會出現在編輯區中，然後拖曳模塊到需要的位置即可。如下圖所示，筆者在螢幕上建立一個叫「離開程式」的按鈕，要讓這個按鈕可以觸發事件的發生，就從右側點選第一個土黃色的模塊，意思就是當「離開程式」鈕被點擊時執行….的動作，如此編輯區中就可以看到該模塊了。

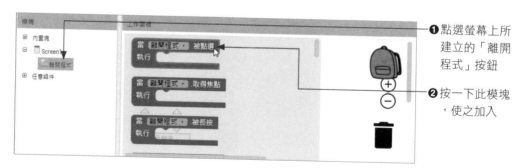

❶點選螢幕上所建立的「離開程式」按鈕

❷按一下此模塊，使之加入

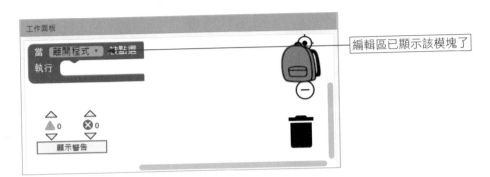

每個模塊都有不同的凹與凸，拼接的時候只要讓兩個模塊之間的凹凸能夠接合在一起，同時出現響聲，就表示兩模塊已正確接合。以「離開程式」鈕為例，要控制 App 程式退出，請到「內置塊」的「控制」類別中找尋「退出程式」的模塊，再將兩模塊接合即可完成。

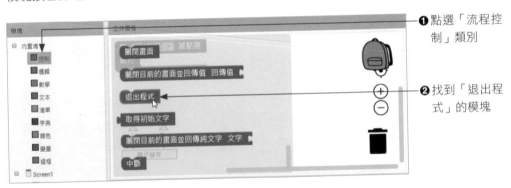

❶點選「流程控制」類別

❷找到「退出程式」的模塊

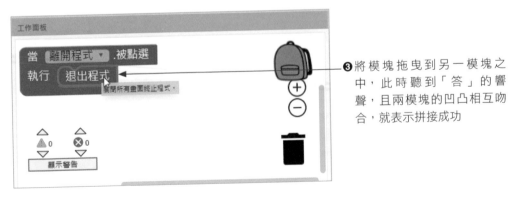

❸將模塊拖曳到另一模塊之中，此時聽到「答」的響聲，且兩模塊的凹凸相互吻合，就表示拼接成功

1-4 專案管理與維護

App Inventor 2 的運作或存取都是在網站上進行，然而開發過程中有時需要與他人分享和討論，有時需要變更名稱，以便進行類似方案的調整，或是想要備份檔案至電腦、上傳他人專案、打包 APK 安裝檔…等，這些專案管理與維護的相關知識不可不知。

1-4-1 檢視我的專案

在 MIT App Inventor 網站上，「我的專案」是放置專案的地方，包含自行開發的項目，或是由其他地方下載下來的原始檔，都會在「我的專案」中顯現。

點選專案名稱將進入編輯視窗　　　　　　　　　　我的專案

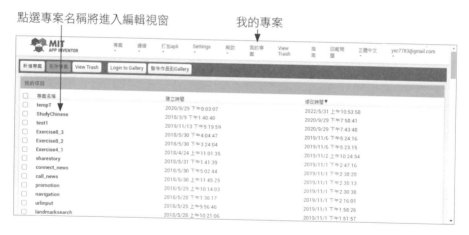

想要開啟某一專案項目進行編輯，只要點選名稱就可進入編輯視窗。

1-4-2 匯入專案

你也可以將本書所提供的範例檔案導入至網站上進行學習。請由「專案」下拉選擇「匯入專案 (.aia)」指令，按下「選擇檔案」鈕後找到並「開啟」本書的範例檔，按下「確定」鈕後系統就會自動開啟該專案。

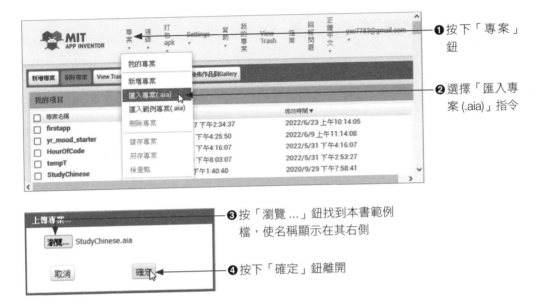

❶ 按下「專案」
鈕

❷ 選擇「匯入專
案 (.aia)」指令

❸ 按「瀏覽 ...」鈕找到本書範例
檔，使名稱顯示在其右側

❹ 按下「確定」鈕離開

顯示匯入的專案

1-4-3 專案另存新名稱

開發專案的過程中有時並不順利，想要由此再進行變更修正，但又想保留目前已
編修的狀態，那麼可以使用「專案／另存專案」指令來儲存新專案，再由開啟的對話
框中輸入新名稱即可。

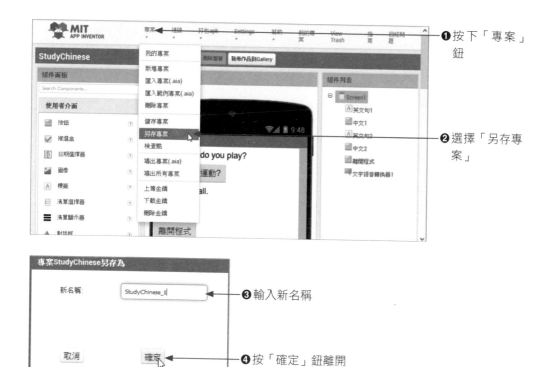

❶ 按下「專案」鈕

❷ 選擇「另存專案」

❸ 輸入新名稱

❹ 按「確定」鈕離開

1-4-4　刪除專案

　　學習專案開發的過程中，有些檔案確定不再使用，為了避免「我的專案」的頁面過於雜亂，影響專案檔的搜尋，可以將不要的檔案勾選起來，然後按下「刪除項目」鈕進行刪除。

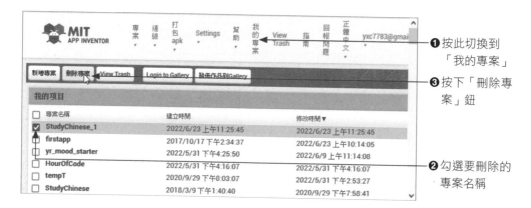

❶ 按此切換到「我的專案」

❸ 按下「刪除專案」鈕

❷ 勾選要刪除的專案名稱

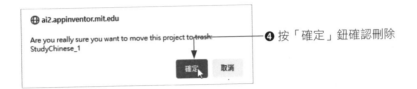

❹ 按「確定」鈕確認刪除

1-4-5　導出專案

　　想要將設計好的專案備份到個人的電腦中，那麼請先開啟該專案，由「專案」鈕下拉選擇「導出專案 (.aia)」指令，專案檔就開始進行下載。

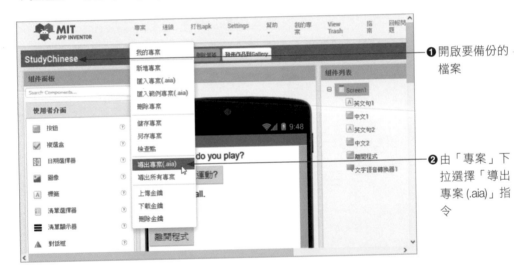

❶ 開啟要備份的檔案

❷ 由「專案」下拉選擇「導出專案 (.aia)」指令

　　下載後的檔案會放置在預設的「下載」資料夾中，只要將該檔案拖曳到你要備份的地方就可搞定。專案檔會自動包含專案中的所有資源，像是聲音、圖片等，因此只要保存此原始檔就可以了。

顯示下載的專案檔

1-4-6　打包 apk 安裝檔

*.apk 是 Android 應用程式的安裝檔，當我們透過 App Inventor 開發完成的專案，必須將程式編譯成安裝檔，才能夠安裝在手機上面，所以辛苦完成的專案若要分享給親朋好友，都必須打包成 apk 安裝檔。

由「打包 apk」下拉選擇「Android App(apk)」指令，將會看到兩種 apk 打包方式：

❶ 下拉選擇此指令

❷ 顯示兩種 apk 打包方式，左側可將 apk 下載到電腦上，右側可將 apk 安裝到手機上

▶ 將 apk 下載到電腦

按下左側的「Download .apk now」鈕，會將打包完成的 apk 安裝檔直接下載到電腦的「下載」資料夾中。

● 將 apk 安裝至手機

此種方式是將編譯好的 apk 檔案存放在伺服器上，並將編譯完成的檔案顯示成 QR Code，所以各位只要使用手機上的「QR 碼掃描器」掃描該圖案，按下「打開網頁」鈕下載檔案再進行安裝，就可以在手機上開啟。你也可以在「MIT AI2 Companion」應用程式中按下「Scan QR Code」鈕掃描右側的二維圖案，就能進行安裝的動作，將 apk 安裝檔安裝到手機上。

1-4-7 打包成 Android App Bundle(.aab)

自 2021 年 8 月起，在 Google Play 新發佈的所有應用程式都必須採用 Android App Bundle，也就是 *.aab 格式，所以當你所製作的專案想在 Googlle Player 中進行販售或推廣，就必須透過「打包 apk ／ Android App Bundle(.aab)」指令來打包你的專案。

❶ 下拉執行此指令

❷ 按此鈕進行下載

完成如上動作後，就可以在「下載」的資料夾中看到 Android App Bundle 了。

1-5 測試專案

對於所設計的專案內容都必須進行測試，才能知道它所呈現出來的畫面或執行結果，測試專案最簡便的方式就是直接使用您的智慧型手機來進行專案的預覽。請在網站上開啟專案，執行「連線／ AI Companion 程式」指令，此時會出現如下圖的「連接 AI Companion 程式」畫面。

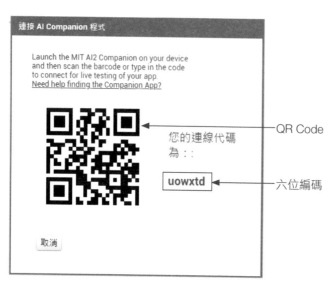

QR Code

六位編碼

接著在手機上開啟 MIT AI2 Companion 程式，當出現下圖的畫面後，請按下「scan QR code」鈕掃描上圖中的 QR Code，或是直接在手機上輸入連線代碼後，再按下橙色的「connect with code」鈕，這樣就可以在手機上看到所設計的專案內容。由於測試專案只是將執行結果顯示在手機上，並未真正將安裝檔安裝在手機，所以只要離開程式後就必須重新作連接。

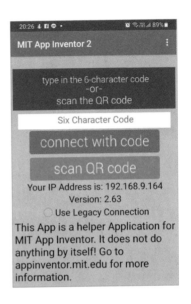

1-6 建立與測試我的第一個 App 專案 – 外國人學中文

前面對於 App Inventor 的概括介紹，相信各位對它應該有深一層的概念，這裡我們將運用簡單的專案，讓大家熟悉組件運用方式、模塊堆疊技巧、以及測試方法，輕鬆了解整個專案的開發過程。

這個範例是使用「文字語音轉換器」的多媒體功能，以及使用者介面經常使用到的「標籤」與「按鈕」功能，讓用戶按下灰色的按鈕時，能夠知道該句的中文意義與中文唸法，同時學會離開 App 程式的設定方式。

1-6-1　建立新專案

首先由 App Inventor 開發網站的「專案」功能下拉選擇「新增專案」，再輸入專案的名稱。

❶點選「專案」

❷下拉選擇「新增專案」指令

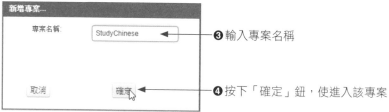

❸輸入專案名稱

❹按下「確定」鈕,使進入該專案

1-6-2 變更螢幕標題

進入「畫面編排」的介面後,先將螢幕名稱「Screen1」修改為「外國人學中文」。請在「組件屬性」中的「標題」欄位輸入新的標題。

❶點選「Screen1」

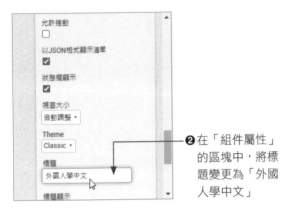

❷ 在「組件屬性」
的區塊中，將標
題變更為「外國
人學中文」

❸ 顯示變更完成的螢幕標題

1-6-3 由「畫面編排」編排組件

螢幕標題變更完成後，接著就是將需要的組件配置到螢幕上。

插入可視組件至工作面板

請將「組件面板」切換到「使用者介面」的類別，依序拖曳「標籤」Ａ 與「按鈕」組件，使工作面板顯示如圖：

插入非可視組件至工作面板

在螢幕上除了加入可看得見的組件外，有時也需要加入一些看不見的組件，這些非可視的組件可以用程式來呼叫，選用時一樣是將組件拖曳到工作面板中就可搞定。

請由「組件面板」中點選「多媒體」類別，將其中的「文字語音轉換器」拖曳到工作面板中，就可以在工作面板下方看到非可視組件了。

為組件重新命名

為了方便組件的辨識，我們可以為組件加以命名。請在工作面板上點選組件，或是在「組件列表」中點選組件，再由下方按下「重新命名」鈕來進行變更。

❶ 點選組件

❷ 按下「重新命名」鈕

多餘組件若要刪除，請按此鈕

❸ 輸入新名稱

❹ 按下「確定」鈕

❺ 依序完成組件名稱的變更

設定組件顯示的內容

組件雖然已加入至工作面板上，要讓每個組件都顯示所屬的文字內容，就必須從「組件屬性」進行設定。請由「工作面板」中點選組件後，由「組件屬性」的「文字」欄位輸入文字內容。若要加大文字尺寸，可在「字體大小」處做修改。

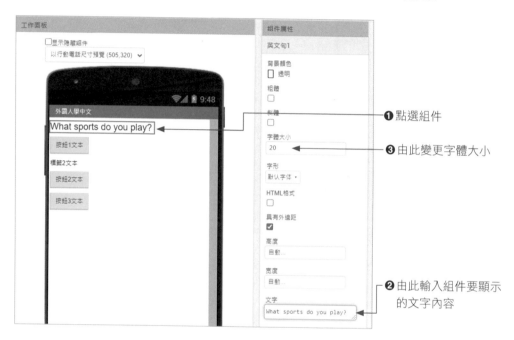

❶ 點選組件

❸ 由此變更字體大小

❷ 由此輸入組件要顯示的文字內容

❹ 依此方式將各項組件顯示成所期望的文字內容

　　有關使用者介面的布局與組件屬性的設定，會在第二章跟各位作解說，這裡只先介紹組件的插入方法。

1-6-4　由「程式設計介面」拼接模塊

　　畫面編排都安排好後，就可以切換到「程式設計」介面去拼接程式，切換後各位可在「模塊」的下方看到剛剛在螢幕上所建立的各個組件。

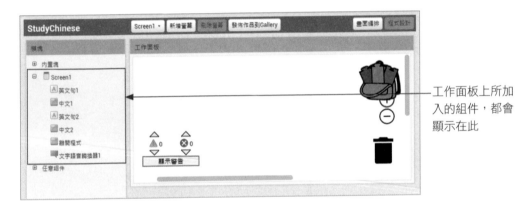

工作面板上所加入的組件，都會顯示在此

● 讓按鈕唸讀中文

　　要讓螢幕上的按鈕有所作用，就必須先啟動「事件」，所以待會要找尋土黃色的模塊來驅動選定的按鈕，另外還要呼叫「文字語音轉換器」的組件，透過呼叫的方法來執行語音轉換的動作。

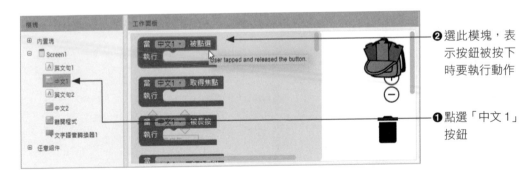

❷ 選此模塊，表示按鈕被按下時要執行動作

❶ 點選「中文 1」按鈕

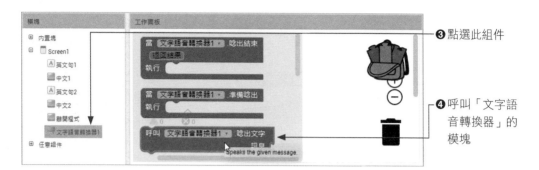

❸ 點選此組件

❹ 呼叫「文字語音轉換器」的模塊

❺ 將兩模塊拼接在一起,聽到「答」的聲響表示拼接成功,意思是當該按鈕被點擊時,就呼叫語音轉換器唸出文字

　　至於要唸讀的文字內容是透過系統的「內置塊」來找尋適合的模塊。在「文本」類別裡有讓各位加入字元串的模塊,我們就要用此模塊來寫入要唸讀的內容。

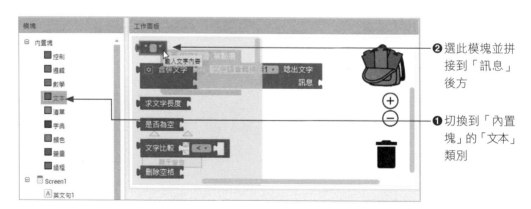

❷ 選此模塊並拼接到「訊息」後方

❶ 切換到「內置塊」的「文本」類別

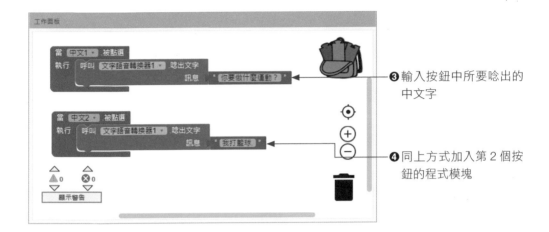

❸ 輸入按鈕中所要唸出的
中文字

❹ 同上方式加入第 2 個按
鈕的程式模塊

1-6-5 以 AI 伴侶進行實機測試

兩個按鈕都加入後，現在準備以手機來進行測試。請在手機上點選「MIT AI2 Companion」🔵鈕使之啟動。網站上則由「連線」下拉選擇「AI Companion 程式」指令，輸入六位編碼，或是按下「scan QR code」鈕掃描圖案，按下「connect with code」鈕後，手機上按下灰色按鈕，就可以聽到中文語音了。

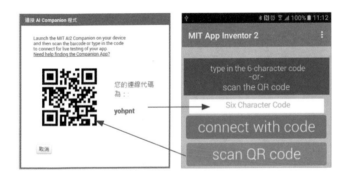

1-7 製作螢幕圖示與退出 APP 程式

要讓使用者順利使用 App 程式，程式圖示的設計與離開程式的設定不可少，這裡一併跟各位作說明，這樣你所設計的 App 程式也能擁有獨特的外觀。

1-7-1 製作與上傳螢幕圖示

想要設計 App 程式在手機上所顯示的圖示，各位可以利用任何的繪圖軟體來製作，只要設定成正方形圖案，繪製後儲存成 PNG 格式即可使用。如下圖所示：

 ──尺寸為 256 x 256 像素，儲存為 PNG 格式

圖示設計好之後，請在「組件列表」中點選「Screen1」，接著由「組件屬性」的「圖示」處上傳檔案，即可匯入圖檔。要注意的是，圖檔名稱只能包含英文字母或數字，不可使用中文名稱。方式如下：

❶ 點選「Screen1」

❷ 由組件屬性的「圖示」處按下左鍵，並按下「上傳文件」鈕

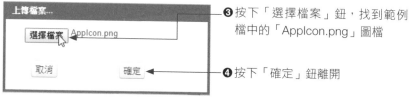

❸ 按下「選擇檔案」鈕，找到範例檔中的「AppIcon.png」圖檔

❹ 按下「確定」鈕離開

1-7-2 按下按鈕離開 App 程式

要讓用戶按下「離開程式」鈕後能夠退出 App 程式，除了啟動按鈕功能外，還必須透過內置塊的「控制」功能才能退出程式，所以我們需要在「程式設計」介面中加入以下兩個程式模塊。

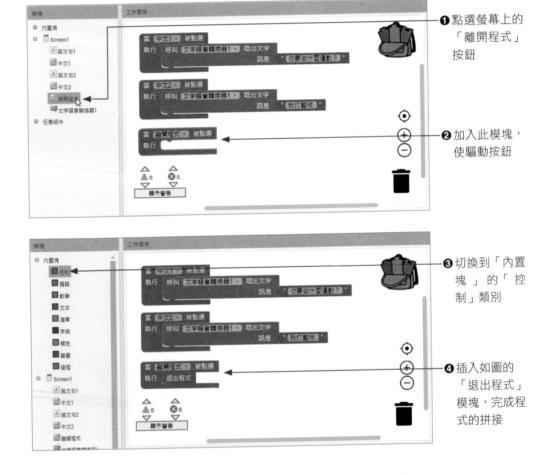

❶ 點選螢幕上的「離開程式」按鈕

❷ 加入此模塊，使驅動按鈕

❸ 切換到「內置塊」的「控制」類別

❹ 插入如圖的「退出程式」模塊，完成程式的拼接

1-7-3 打包 apk 並顯示二維條碼

所加入的「離開程式」按鈕，若是以「AI Companion」進行連接與測試是會看到錯誤訊息，這是因為 App 並未真正安裝到手機上的緣故，所以必須將 App 打包成 apk 後，安裝到手機中才能看到實際結果。

❶ 由「打包 apk」下拉，選擇「Android App(.apk)」指令

❷ 打包後會看到
此對話框

❸ 手機上啟動「MIT AI2 Companion」😊，按下此
鈕掃描 QR code 圖案

　　接著手機會出現警告視窗，告知你的檔案可能有害，請按下「仍要下載」，接著「開啟」下載的檔案，將你的應用程式「安裝」，由於 Play 安全防護無法辨識這個應用程式，所以還會顯示封鎖的警告視窗，請按下「仍要安裝」鈕，同時「不傳送」應用程式送交掃描，最後按下「開啟」鈕開啟程式，即可看到剛剛設計的 App 成果，按下「離開程式」鈕也能順利關閉 App。

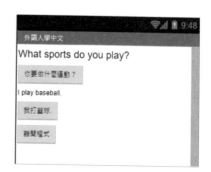

至於螢幕圖示的顯示效果如下：

經過這一章的介紹，相信各位對於 App 專案的介面設計、程式堆疊、測試、安裝等流程應該有完整的了解。後面開始的章節將省略一些細節的說明，所以請各位務必熟悉第一章的內容。

CHAPTER

用戶介面與介面布局

在前面的章節中，各位對於 App 的設計流程已經有了完整的概念，這個章節開始將著重在專案螢幕、常用組件、以及介面布局的介紹，讓設計者能夠依照自己的想法來配置版面和安排組件，而使用者可以簡單上手且輕鬆使用 App。

使用者介面（User Interface，簡稱 UI）算是虛擬與現實互換資訊的一個橋樑，它是使用者真正會使用到的部分，UI 設計師通常會運用視覺風格、圖案、色彩等各種元素來讓介面看起來美觀高雅，同時著重外觀設計與具體功能的呈現，如果用戶在使用過程中產生不好的經驗或感覺，就會影響到購買或造訪的動機。所以在進行使用者介面的設計時，一定要以「人」作為設計中心，傳遞訊息時要讓人「一看就懂」，資訊的呈現也盡量簡潔易懂，不用讀文字也能看圖操作，這樣才是良好的介面設計。

由於手機螢幕所能顯示的內容有限，想要將資訊較完整的呈現，那麼多螢幕的呈現方式就能將資料適時地切割，讓使用者可以一層一層的進入到裡面。唯有以最佳的配置與使用者介面呈現在手機上，才能受到大多數人的認可。

2-1 設置常用組件

在進行 App 專案設計時，使用者介面上可以使用的組件有如下十五種，請由「組件面板」切換到「使用者介面」的類別就可以看到。限於篇幅的關係，這裡會先針對較常使用的幾個組件作介紹，像是標籤、按鈕、文字輸入盒、密碼輸入盒、圖像、滑桿等，其餘的在其他章節有用到時再做說明。

組件面板			
Search Components...			
使用者介面			
按鈕	?	☰ 清單顯示器	?
✓ 複選盒	?	▲ 對話框	?
日期選擇器	?	•• 密碼輸入盒	?
圖像	?	滑桿	?
A 標籤	?	下拉式選單	?
清單選擇器	?	Switch	?
		文字輸入盒	?
		時間選擇器	?
		網路瀏覽器	?

2-1-1 標籤設定

「標籤」組件在上一章節雖有使用到，但是組件的屬性卻還沒有介紹，所以各位設計的第一個 App 專案只能顯示黑色的文字。「標籤」的用途主要就是顯示文字內容，想要讓標籤呈現更多變化，就必須由「組件屬性」進行設定，包括背景顏色、標籤文字、文字顏色、字體變化、字型大小、高度、寬度、對齊方式、以及是否顯現在螢幕中。

提供15種色彩，也可以自訂色彩

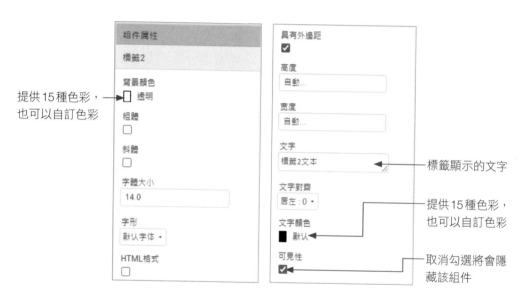

標籤顯示的文字

提供15種色彩，也可以自訂色彩

取消勾選將會隱藏該組件

寬度／高度設定

為了讓版面看起來美觀高雅，寬度與高度的屬性設定不可少，目前提供如下幾種設定：

填滿整個螢幕的寬度或高度

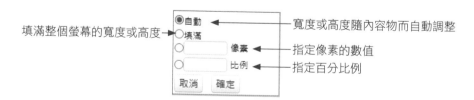

寬度或高度隨內容物而自動調整

指定像素的數值

指定百分比例

▶ 文字輸入與換行

在輸入標籤的文字時，如果文字較長，開發網頁上會自動將它延伸，所以各位看不到後方的文字，而手機上則會自動換到下一行。如下所示：

開發網頁上的預覽　　　　　　　　　　　手機上顯示的結果

在同一標籤中如果想要讓文字強迫換行，那麼請在需要換行的地方插入「\n」符號即可。如下所示：

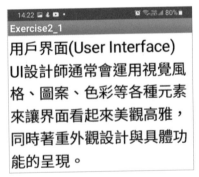

組件面板輸入的文字　　　　　　　　　　手機上顯示的結果

簡單做設計

請利用三個「標籤」，完成如下的屬性設定，使畫面顯示如圖：

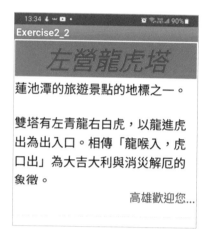

標籤 1：背景橙色、粗體、斜體、字體大小 30、高度自動、寬度填滿、文字對齊居中、文字顏色藍色

標籤 2：字體大小 15、高度 180 像素、寬度填滿、文字對齊居左，以 2 個「\n」進行強迫換行

標籤 3：字體大小 14、高度自動、寬度填滿、文字顏色紅色

完成檔：**Exercise2_2.aia**

　　在左上圖所看到的是手機螢幕上所呈現的效果，至於「工作面板」與「組件列表」上編輯的畫面則如下，各位可以比較一下它的差異。

2-1-2　按鈕設定

　　「按鈕」是程式與使用者互動的主要組件，用戶必須通過碰觸按鈕，才能完成或執行某些特定的動作。它的屬性設定方式和「標籤」相同，另外還可以設定按鈕形狀、按鈕圖像、以及互動效果。

密技　變更按鈕形狀

由「形狀」下拉可看到「默認」、「圓角」、「方形」、「橢圓」四個選項，「默認」形狀看起來較具立體感。下圖是手機上所呈現的按鈕形狀，按鈕若有勾選「顯示互動效果」的屬性，那麼在按下按鈕時就會以不同的顏色顯示。

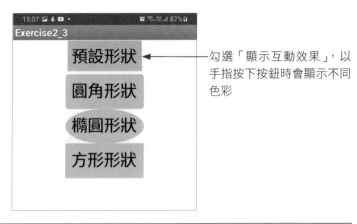

勾選「顯示互動效果」，以手指按下按鈕時會顯示不同色彩

設定圖像按鈕

雖然按鈕可以自訂形狀，也可以設定背景顏色和文字色彩，但畢竟變化有限，如果想要有特別的按鈕形狀或造型，那麼就用圖像的方式來處理。要上傳圖像，請點選「組件屬性」的「圖像」，即可進行上傳的動作。

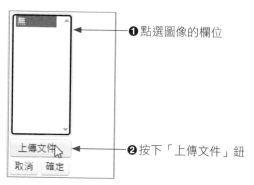

❶ 點選圖像的欄位

❷ 按下「上傳文件」鈕

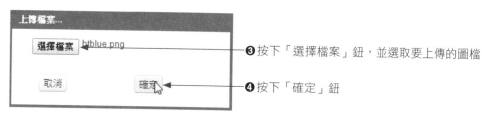

❸ 按下「選擇檔案」鈕，並選取要上傳的圖檔

❹ 按下「確定」鈕

❺ 顯示上傳的按鈕背景圖

上傳的圖案只是按鈕的背景圖，所以按鈕上仍可設定顯示的文字、字體大小、顏色…等屬性。除了由「組件屬性」進行圖檔素材的插入外，在「組件列表」下方也有一個「素材」區塊，由該處按下「上傳文件」鈕，也能將圖檔、音檔等專案所需的素材匯入，匯入後再依選定的組件來指定素材。

2-1-3　文字輸入盒設定

「文字輸入盒」的用途主要是讓用戶在欄位中輸入文字，此組件所提供的屬性設定有如下幾項：

勾選「啟用」功能可以讓用戶輸入文字，取消勾選只會顯示文字，無法進行文字輸入

「文字」框中若沒有設定文字，可由此設定提示文字

▶ 文字與提示文字設定

在一般情況下都是由組件屬性的「文字」區塊輸入要顯示的文字，這樣開發網頁上就可以預覽到文字內容。如果沒有設置「文字」，那麼最好在「提示」處設定提示文字，這樣手機上就會以較淺顏色的文字顯示在文字輸入框中。

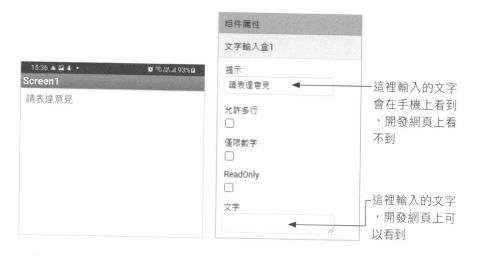

這裡輸入的文字會在手機上看到，開發網頁上看不到

這裡輸入的文字，開發網頁上可以看到

▶ 允許多行

當用戶所輸入的文字多於所設定的「文字輸入盒」寬度時，它會將輸入點設在最右側，並顯示最後所輸入的文字，如左下圖所示。如果有勾選「允許多行」的選項，那麼多的文字就會自動顯示到第二行，或是用戶輸入「Enter」鍵，「文字輸入盒」都會自動加大它的高度。

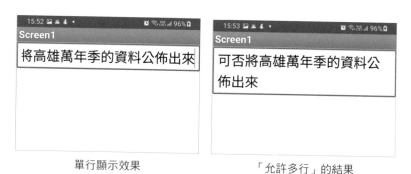

單行顯示效果　　　　　　　　　　　「允許多行」的結果

▶ 僅限數字

勾選「僅限數字」的選項，當用戶點選該「文字輸入盒」時，就會自動顯示數字鍵盤，讓用戶直接輸入數字。

簡單做設計

請利用三個「文字輸入盒」的組件，完成如下的版面配置。

完成檔：**Exercise2_5.aia**

意見輸入盒：背景青色、勾選「啟用」、字體大小 20、高度 200 像素、寬度填滿、提示「請表達意見」、允許多行

說明：背景紅色、取消啟用、字體大小 20、高度自動、寬度填滿、文字「請輸入連絡電話」、文字顏色白色

文字輸入盒：勾選「啟用」、字體大小 20、高度自動、寬度填滿、提示「手機號碼」、勾選「僅限數字」

2-1-4　密碼輸入盒設定

「密碼輸入盒」是專為輸入密碼所設計的組件，它的特點是所輸入文字內容會自動以黑色小圓點替代，避免其他人看到輸入的內容。

所輸入的字元自動以小圓點顯示

尚未輸入前，密碼輸入框顯示提示文字

當各位將「密碼輸入框」的組件插入至螢幕時，該組件上就會自動顯示如左下圖的圓點。

插入的組件會自動顯示小圓點

需要提示的文字請輸入在此欄位，而不是在「文字」框

　　「密碼輸入盒」的屬性設定裡，雖然有「文字」的欄位可輸入文字，但是並不會顯示出來，而是以小圓點取代之，所以如需提示用戶，請在「提示」的欄位中輸入提示文字。另外，一般的密碼輸入可以是英文字、數字或特殊符號，所以屬性設定中不會有「允許多行」的選項出現。

2-1-5　圖像設定

　　「圖像」組件用來設定圖片顯示的區域範圍，所以屬性部分可指定圖片顯示的高度、寬度、旋轉角度、指定圖檔名稱。萬一所插入的圖片比例與所設定的寬高比例不相符，可勾選「放大／縮小圖片來適應尺寸」。

❶插入的「圖像」組件

❷由此上傳與指定圖片檔

簡單做設計

選用「圖像」組件，設定圖像的區域範圍為高度 300 像素，寬度「填滿」，並以「bg.png」圖檔填滿整個區域。屬性設定內容如右圖所示：

2-1-6　滑桿設定

「滑桿」組件會在螢幕上顯示一個橫條狀的滑動條，滑桿上有一個長方形的滑鈕可以左右滑動，用戶可透過滑鈕的移動來讓程式執行後續的動作。像是圖像尺寸的改變、色彩數值的變化、進度的顯示…等，都可以使用滑桿來控制。

手機上呈現的滑桿效果

　　在開發網頁上,各位看到的「滑桿」效果與手機上的略有不同,如下圖所示。另外,由「組件屬性」可自訂滑桿左／右兩側的顏色,勾選「啟用指針」的選項才會在滑桿上顯示滑鈕,而「指針位置」則是設定滑動鈕起始的位置。

2-1-7　組件列表管理

　　由「組件面板」將各種組件加入到「工作面板」上,所加入的組件不管是可視組件或非可視的組件,都會依序排列在「組件列表」之中。為了方便管理,只要點選組件,即可針對選取的組件重新命名,或是將多餘的組件加以刪除。

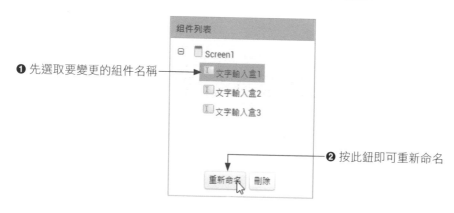

2-2 專案螢幕（Screen）

　　當各位開啟一個新專案後，螢幕上所能容納的組件或素材有限，為了提供更多的資訊給用戶，就必須增加螢幕。這裡針對專案的多個螢幕做介紹，讓各位熟悉多螢幕的使用技巧。

2-2-1 新增與刪除螢幕

　　在開啟新專案後，「組件列表」中會固定有一個預設的「Screen1」，使用者可在此螢幕中進行畫面的安排。如果應用程式較為複雜，需要新增其他的螢幕，可在「工作面板」上方按下 新增螢幕 鈕，即可設定新螢幕的名稱。

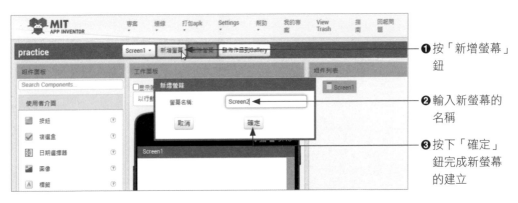

❶ 按「新增螢幕」
　鈕

❷ 輸入新螢幕的
　名稱

❸ 按下「確定」
　鈕完成新螢幕
　的建立

❹ 螢幕新增後，由此進行切
　換編輯

對於多餘的螢幕若要刪除，只要切換到該螢幕，按下 刪除螢幕 鈕就能進行刪除。由於它會將螢幕中所有關聯的組件和程式模塊一併刪除，而且無法恢復，所以會出現訊息視窗要求使用者再次確認。

❷ 按此鈕刪除螢幕

❶ 先切換到要刪除的螢幕畫面

2-2-2 變更螢幕標題

螢幕標題顯示在螢幕的頂端，以灰底白色字顯現，各位可在「組件屬性」下方的「標題」欄位進行設定。如果不想顯示螢幕標題，取消勾選「標題顯示」的選項，那麼整個灰底的區塊就會被隱藏起來。

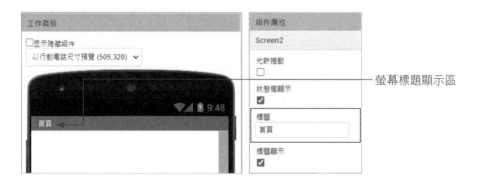

螢幕標題顯示區

2-2-3 螢幕屬性

在 App Inventor 裡，螢幕也可以設定螢幕屬性，其屬性可設定的內容相當多，如下所示：

2-2-4　變更螢幕底色圖案

螢幕背景除了預設的白色背景外，App Inventor 也有提供幾個常用的顏色可以快速選用，也可以按下「背景顏色」的色塊後選擇「Custom」指令，進入如下的色盤設定背景顏色。

如果要使用背景圖案，則請由「背景圖片」下拉，上傳圖片後加以指定名稱即可。

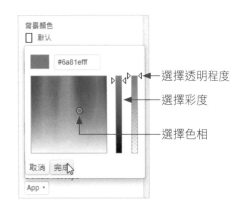

選擇透明程度

選擇彩度

選擇色相

2-3　介面配置

應用軟體的介面布局很重要，除了是給人的第一印象外，如果設計的不夠人性化，用起來不順手，就會打消用戶使用的意願。在 App Inventor 中介面的配置很容易，不管是水平方向、垂直方向、捲動式、或是表格方式，都可以輕易做到，只要將選定的介面配置組件拖曳到工作面板就可搞定。這小節就為各位做說明。

❶ 點選介面配置的組件不放

❷ 拖曳到工作面板上放開即可

2-3-1　水平配置／垂直配置

　　「水平配置」是建立一個水平方向的欄位，「垂直配置」是建立一個垂直方向的欄位，欄位中所加入的組件會依照選定的配置做水平或垂直方向的排列。所加入的介面配置也算是一個組件，所以它會顯示在組件清單之中，也可以針對該組件進行屬性的設定，包括對齊方式、高度、寬度、背景顏色或背景圖像等。

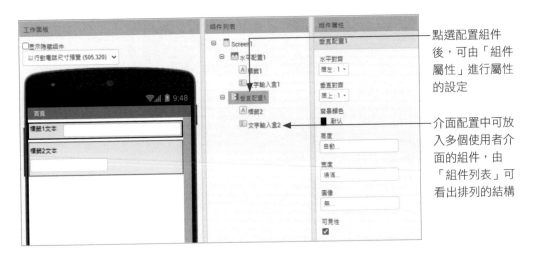

點選配置組件後，可由「組件屬性」進行屬性的設定

介面配置中可放入多個使用者介面的組件，由「組件列表」可看出排列的結構

2-3-2　表格配置

　　表格配置可將眾多組件整齊排列。當工作面板中加入「表格配置」組件後，可由組件屬性可自訂列數與行數。

❶ 點選「表格配置」組件

❷ 由此設定列數

❸ 由此設定行數

2-3-3　垂直／水平捲動配置

　　「垂直捲動配置」和「水平捲動配置」是該欄位的內容大於螢幕高度或寬度所能顯示的範圍，因此使用者必須使用手指上下或左右滑動來瀏覽其他未看到的內容。如下所示的範例，下方的縮圖就可以左右滑動。

此區塊中縮圖可以左右滑動，便是使用「水平捲動配置」的組件做成

2-3-4　靈活運用介面配置 - 巢狀布局

　　雖然 App Inventor 只有提供五種的介面配置，但是靈活運用這幾項就可以應付多變化的介面設計。例如在選定的介面配置中插入多個相同或不同的介面配置，使外層包覆內層，這樣就形成巢狀式的布局。如下圖所示，1 列 3 行的表格配置中放入 2 個水平配置和 1 個垂直配置。

2-4　範例 - 念中文給你聽

這個範例是讓用戶在文字輸入框中輸入中文，而按下藍色的按鈕後，透過程式所提供的「文字語音轉換器」，自動將所輸入的中文字轉換成語音唸出。

【範例檔】ReadChinese.aia

【素材檔】btblue.png

手機顯示結果　　　　　　　　　版面編排

2-4-1　學習重點

範例除了練習版面的配置外，將練習標籤、文字輸入盒、按鈕、文字語音轉換器等組件的使用，以及各組件屬性的設定。使用的組件包括：

- 介面配置：垂直配置
- 使用者介面：標籤、文字輸入盒、按鈕
- 多媒體：文字語音轉換器（非可視組件）

2-4-2　新建專案名稱

由「專案／新增專案」指令，將專案命名為「ReadChinese」。

2-4-3 畫面編排與組件列表

由組件面板先將「垂直配置」拖曳置工作面板中,接著在「垂直配置」的組件中依序放入 2 個「標籤」、1 個「輸入文字盒」、1 個「按鈕」、1 個「文字語音轉換器」等組件。重新命名,使「組件列表」顯示如圖:

按此鈕自行更換組件名稱

2-4-4 組件屬性設定

■ Screen1:取消勾選「標題顯示」,如此一來手機頂端的灰底白色標題就不會顯示出來。

■ 垂直配置 1:水平居中對齊、垂直居上對齊、背景顏色自訂為淡藍、高度 300 像素、寬度填滿。

■ 標題字:背景顏色自訂為桃紅色、字體大小 30、寬度填滿、文字「念中文給你聽」、文字居中對齊、白色字。

■ 說明:字體大小 18、文字「\n 請輸入要唸出的文字」,「\n」的作用是換行。

■ 輸入文字框:字體大小 18、高度 100 像素、寬度 90 比例、勾選「允許多行」。

■ 按鈕:字體大小 12、圖像匯入「btblue.png」、文字「點我就念給你聽」、文字居中對齊、文字顏色為黃色。

2-4-5 程式設定

此程式的作用是當用戶按下螢幕上的「按鈕」後,自動呼叫「文字語音轉換器」,然後將「輸入文字框」中的文字轉換成語音念出來。所以我們要對「按鈕」、「文字語音轉換器」、「輸入文字框」三個組件進行程式設定。

■ 切換到「程式設計」介面,點選「Screen1」底下的「按鈕」,將如圖的土黃色模塊拖曳到工作面板中,使之觸發事件。

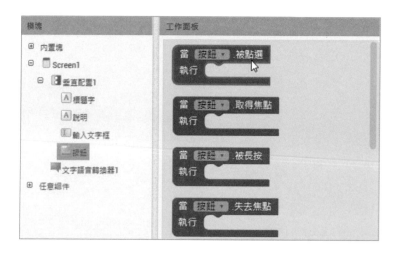

■ 點選「文字語音轉換器1」,找到如圖的紫色模塊,讓加入的兩個模塊接合在一起,以此方法來處理按鈕事件。

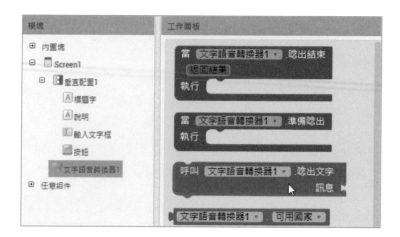

■ 點選「輸入文字框」，將如圖的綠色模塊拖曳到工作面板中，並與紫色模塊接合在一起。

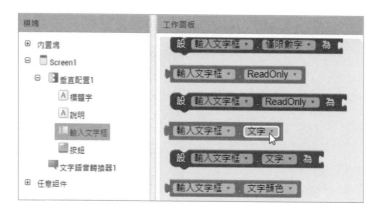

顯示程式模塊接合的結果：

2-5 範例 - 動態按鈕與聲效設定

這個範例是練習動態按鈕的設定與音效的處理，讓用戶按下圖案式的按鈕時，會發出「發財」的音效。

【範例檔】buttondesign.aia

【素材來源檔】bg.png、baby.png、baby2.png、money.mp3

手機顯示結果　　　　　　　　按下按鈕的顯示結果

2-5-1　學習重點

　　這個範例只會使用到一個按鈕組件，透過按鈕的壓下或被鬆開，來設定圖像的名稱與音效的播放與否。使用的組件包括：

■　使用者介面：按鈕

■　多媒體：音效（非可視組件）

　　音效組件用來播放聲音，主要功能是播放較短的音效檔，屬於多媒體類別，非可視的組件。

2-5-2　編排組件

　　由「專案／新增專案」指令，將專案命名為「buttondesign」，接著由組件面板將「按鈕」與「音效」兩個組件拖曳到工作面板中。

2-5-3 匯入相關素材

由「素材」區按下「上傳文件」鈕，將範例所需的
素材一併匯入。

2-5-4 組件屬性設定

■ Screen1：標題設為「動態按鈕與聲效設定」、水平「居中」對齊、垂直「居中」
對齊、背景圖片設為「bg.png」。這樣螢幕上所插入按鈕組件就會居中擺放。

■ 按鈕 1：去除「文字」欄位中的預設文字，圖像設為「baby.png」。

■ 音效 1：來源文件設為「money.mp3」。

2-5-5 按鈕程式設計

首先設定按鈕被壓下時，播放音效 1 的聲音，而按鈕的圖像是顯示「baby2.png」。

■ 在「模塊」選用區點選「按鈕 1」組件，將如圖的土黃色模塊拖曳至工作面板，使
之觸發事件。

■ 點選「音效 1」組件，找到如圖的紫色模塊，讓按鈕被壓下時就播放音效。

■ 點選「按鈕 1」組件，找到如圖的綠色模塊，由「內置塊」下點選「文字」類別，
找到如圖的紅色模塊，在欄位中輸入要顯示的圖檔名稱。

設定完成後，接著設定按鈕被鬆開時，停止播放音效 1 的聲音，而按鈕的圖像改為「baby.png」，也就是 APP 程式被開啟時用戶所看到的畫面。請同上方式完成如下的模塊組合就搞定了！

2-6 範例 - 設置多重螢幕

各位都知道，手機螢幕所能顯示的內容有限，想要表達更多的資訊，勢必要將資料加以分割，然後透過一層一層的螢幕來分別顯示。這個範例就要來介紹多重螢幕的表現方式，讓各位在設計上可以做上下層的往返與內容的選取。

【範例檔】MultiScreen.aia

【素材檔】home.png、return.png

第一層螢幕　　　　　　　第二層螢幕　　　　　　　第三層螢幕

2-6-1　學習重點

　　這個範例主要是多重螢幕的切換，因此只會應用到「按鈕」與「標籤」兩種組件，讓用戶按下按鈕後開啟指定的螢幕名稱。限於篇幅的關係，我們僅示範「玩在高雄」的連結，讓用戶按下該按鈕可以到第二層的螢幕，按「home」鈕可回到第一層，按下景點 1、2 能進入第三層，按「return」鈕可回到第二層。架構圖及螢幕名稱規劃如下：

2-6-2　新增螢幕

　　請新增專案名稱為「MultiScreen」，接著按「新增螢幕」鈕三回，將螢幕名稱分別命名為「Play_kaohsiung」、「Place1」、「Place2」。

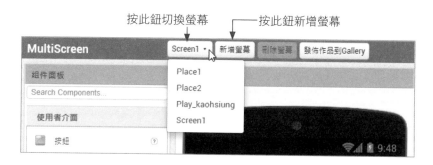

2-6-3 畫面編排與屬性設定

請自行切換螢幕，在各螢幕下加入使用者介面的組件，而各螢幕所包含的組件名稱與組件屬性列表於下，請自行插入組件並設定屬性，素材檔則先行上傳。

▶ Screen1 螢幕

組件列表	類別	組件屬性
Screen1	螢幕	標題「吃玩在高雄」。
玩在高雄	按鈕	背景顏色「粉色」、字體大小 50、高度「50 比例」、寬度「填滿」、文字「玩在高雄」。
吃在高雄	按鈕	背景顏色「橙色」、字體大小 50、高度「50 比例」、寬度「填滿」、文字「吃在高雄」。

▶ play_kaohsiung 螢幕

組件列表	類別	組件屬性
play_kaohsiung	螢幕	標題「玩在高雄」、水平對齊「居中」。
home	按鈕	圖像「home.png」、「文字」欄位保留空白。
景點 1	按鈕	背景顏色「橙色」、字體大小 20、寬度「填滿」、文字「景點 1」。
景點 2	按鈕	背景顏色「粉色」、字體大小 20、寬度「填滿」、文字「景點 2」。

◉ Place1 螢幕

組件列表	類別	組件屬性
Place1	螢幕	水平對齊「居中」、標題「景點 1 介紹」。
回上層	按鈕	圖像「return.png」、「文字」欄位保留空白。
內容介紹	標籤	字體大小 20、高度「填滿」、寬度「填滿」、文字「景點 1 介紹」、文字顏色「橙色」。

◉ Place2 螢幕

組件列表	類別	組件屬性
Place2	螢幕	水平對齊「居中」、標題「景點 2 介紹」。
回上層	按鈕	圖像「return.png」、「文字」欄位保留空白。
內容介紹	標籤	字體大小 20、高度「填滿」、寬度「填滿」、文字「景點 2 介紹」、文字顏色「粉色」。

2-6-4 螢幕切換設定

程式設定方面，各位只要把握一個原則：當「按鈕」被點選時就執行開啟另一螢幕的動作，同時指定螢幕名稱即可。

請切換到「Screen1」螢幕，點選「玩在高雄」的組件，找到如圖的土黃色模塊，接著點選「內置塊／控制」，找到「開啟另一畫面 畫面名稱」的模塊，再由「內置塊／文字」中找到如同的桃紅色模塊，並輸入連結的螢幕名稱即可。

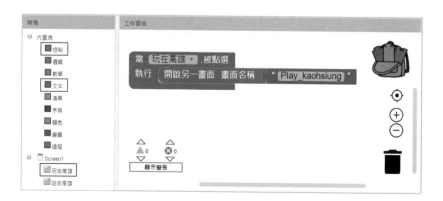

　　確認可以從主畫面的「玩在高雄」鈕切換到「Play_kaohsiung」螢幕後，接著就是設定「home」、「景點 1」、「景點 2」的螢幕切換。請依上述技巧進行設定「home」按鈕的設定。

❶切換到「Play_kaohsiung」螢幕

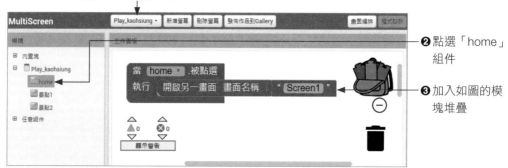

❷點選「home」組件

❸加入如圖的模塊堆疊

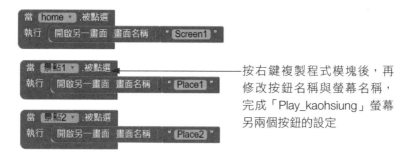

按右鍵複製程式模塊後，再修改按鈕名稱與螢幕名稱，完成「Play_kaohsiung」螢幕另兩個按鈕的設定

　　依此方式完成「Place1」和「Place2」螢幕的設定就可大功告成。

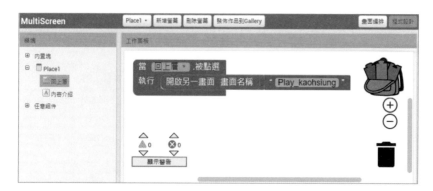

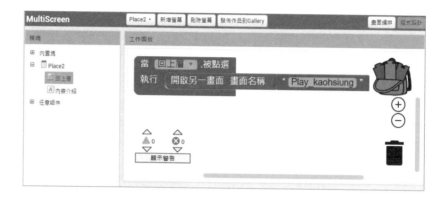

2-7 範例 - 相簿瀏覽

　　這個範例應用到「水平捲動配置」組件，讓多張相片縮圖可以在此組件中左右拉動和選取，而點選其中的任一縮圖，就會將大張圖像顯示在下方。

【範例檔】album.aia

【素材來源檔】IMG_01.jpg 至 IMG_08.jpg、s1.jpg 至 s8.jpg

手機顯示結果

版面編排

2-7-1　畫面編排與屬性設定

這個範例會使用到「使用者介面」中的「標籤」、「按鈕」、「圖像」三種組件，以及「介面配置」中「水平捲動配置」組件。請先行將所需的素材圖檔匯入，組件排列成如圖的順序。

畫面排定順序後，接著是設定各組件的屬性，組件屬性設定如下：

▶ Screen1

背景顏色紅色、標題「相簿瀏覽」。

▶ 標籤 1

背景顏色「黑色」、字體大小 24、高度 100 像素、寬度「填滿」、文字「高雄鳳儀書院 \n 風光瀏覽」、文字對齊「居中」、文字顏色橙色。

▶ 水平滾動條布局 1

垂直對齊「居中」、高度「55 像素」、寬度「填滿」。

▶ S1 按鈕 -S8 按鈕

按鈕圖像依序為「s1.jpg」至「s8.jpg」,「文字」欄位皆保留空白。

▶ 圖像 1

寬度「自動」、圖片「IMG_01.jpg」。

2-7-2　按鈕程式設計

在程式設計部分,用戶只要點選水平捲動軸中的按鈕,就設定「圖像 1」組件中的圖片為相對應的圖檔名稱。由於程式模塊大多相同,所以設定完一個按鈕的程式後,可按右鍵執行「複製程式模塊」指令後,接著再修改按鈕名稱及圖檔名稱即可。

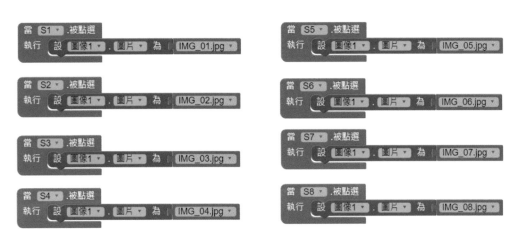

設定完成後,用戶就可以隨意地瀏覽所有畫面,很簡單吧!你也來試試看!

MEMO

CHAPTER

程式基礎運算

現今生活大小事，幾乎都與資訊科技息息相關，我們每天都會接觸到各種的系統、軟體與程式。尤其在這快速變遷的世代，寫程式將會變成像數學、英文一樣成為人文素養教育的一部分，人人都必須具備寫程式的基礎技能。

蘋果創辦人賈伯斯也認為每個人都應該學習程式設計，因為程式設計是在培養系統化的邏輯思考模式，訓練我們如何思考問題，培養運算思維的邏輯能力，以解決日常事務的問題。運算思維，簡單地說就是要向科學家一樣的思考方式，先釐清問題點，再尋求問題的解決方案。對於快速變遷的時代，每個人都必須學習和運用這種技能，如此才能跟得上瞬息萬變的潮流，不會被淘汰淹沒。

要學習程式開發，這裡跟各位介紹一下軟體開發的基本觀念，以及基礎的運算原則，讓各位也可以透過簡單的運算來設計 App 程式。

3-1 軟體開發基本觀念

電腦是由硬體和軟體所組成，相同的硬體執行不同的軟體就會發揮不同的功用。平常我們操作使用電腦或智慧型手機，大都是使用裡面的軟體，軟體通常具有特定目的，透過程式碼來指揮硬體執行特定的動作。像是繪圖軟體、文書處理軟體、瀏覽器、視訊剪輯軟體…等，都是針對特定用途所開發出來的應用程式。

程式語言是用來撰寫軟體程式的工具，大致上可分低階語言和高階語言兩種。低階語言是用機器碼 0 和 1（二進位代碼）來撰寫，由於可讀性差且難撰寫，後來發展成以英文字、數字符號來重組機器語言的「組合語言」，使用上仍有許多不方便，而高階語言則以英文為基礎語法，程式撰寫比較容易且可讀性較高。

每種語言都有各自的語法，也就是它的規則，如果不懂它的語法，或是撰寫出來的程式碼不合規則，則寫出來的程式也無法運作。像是 C 語言、Java 等都是使用文字撰寫程式，初學者如果對該程式語言的語法不熟悉，就無法透過程式來解決問題。

現今的視覺化程式設計工具，像 Scratch、App Inventor 這類的軟體，便是提供一個簡易且有趣的程式設計環境，學習者只需專注解決問題的步驟，觀看程式執行的結果和驗證，就能培養邏輯思考能力，同時體驗程式設計的樂趣。

3-1-1　建立物件導向概念

新一代的程式語言大都屬於物件導向（Object-oriented）的語言，所謂「物件導向程式設計（Object-oriented programming）」是以物件的角度去分析和解決問題，將整個系統以「分類」或「抽象」拆解成一個個「物件」，由於物件各自獨立，當程式發生問題時，只要針對有問題的物件進行變更修改，如此一來降低了程式維護的困難度，而每個物件都可獨立運作，可以重複使用，也縮短程式開發的時間。

程式中要描述一個物件時，需考慮到物件可能擁有的特徵（屬性）和功能（方法）。以 App Inventor 為例，點選組件列表上的「按鈕」，可以設定按鈕的背景色、字體大小、寬高、形狀…等，這些都是該按鈕的屬性。又如按下日期選擇器就會呼叫和打開日期選擇器，這是日期選擇器的功能也就是方法。

在 App Inventor 裡進行程式設計時，只要在「Screen1」裡點選組件，系統就會將與此物件有關的事件、方法、屬性通通列出，了解拼接的規則就可以將這些模塊拼接在一塊。

由於物件導向是以物件為中心來思考問題，所在進行思考時就要辨識出那些是問題中的物件，了解該物件有哪些屬性，以及可操作的方式。設法找出問題的關聯性以及規則的限制，再透過流程圖或文字腳本方式來尋找解決的方案。

3-1-2　培養運算思維

「運算思維」是指藉著資訊科技的設計與實作，培養解決問題、團隊合作、創新思考、以及勇於嘗試錯誤的能力。

寫程式就是在給電腦下指令，讓電腦依照我們的需求來處理事情。在寫程式之前必須先透過系統化的邏輯概念來進行問題的分析，從中找到可猜解問題的方法，然後找到最有效的決策方式，這種概念的養成，有助於創意的發想與實現。程式設計把事物程序化，按一定的程序規劃及流程執行，學會並擁有解決問題的能力之後，才能進一步整合各領域的知識，進而探索或研究新事物。

3-1-3　程式流程圖繪製

程式流程圖用來描述程式的邏輯架構，從流程圖可以看出程式的各種運算及執行順序。為了讓他人也能夠閱讀，在繪製流程圖時最好採用標準的符號，符號內的文字盡量簡單扼要，繪製方向則是由上而下，由左而右，且使用的連接線方向要清楚，避免交叉，把握這些原則即可進行流程圖的繪製。

繪製程式流程圖的好處是，程式執行順序一目了然，有助於程式的修改與維護。不同的程式人員撰寫程式時，也能快速了解程式的流程，有助於協同開發或程式的移交。

為了流程圖的可讀性與一致性，目前美國國家標準協會有制定統一的圖形符號，而常用的符號如下：

符號名稱	說明	符號
開始 / 結束	表示程式的開始或結束。	
輸入 / 輸出資料	表示資料的輸入或輸出的結果。	
程序	程序中的一般步驟，是程序中最常使用的圖形。	
決策判斷	條件判斷的圖形。	
文件	導向某份文件。	
流向	符號與符號之間的連接線，箭頭符號表示工作的流向。	
連結	上下流程圖的連接點。	

　　了解流程圖各種符號所代表的意義，就可以開始流程圖的繪製。流程圖的第一個和最後的步驟通常是使用橢圓形符號來表示，而中間步驟是使用方形來表示，並用箭頭做連接，所以畫出來的流程圖會如左下所示。若是過程中需要做決策，因為不同的選擇而走向不同的程序，就會使用菱形來表示，所畫出的流程圖會如右下圖所示。

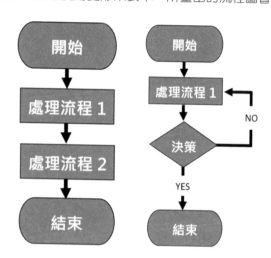

3-2　基礎運算原則

　　在日常生活中，運算是大家經常碰到的問題，舉凡購物、消費、或是借貸款項等，都會碰到運算的問題，這一小節我們將針對基礎運算進行說明，包括常數、變數、字串運算、算數運算、邏輯運算、比較運算等，因為 App Inventor 系統中所內建的模塊就包含了常數、變數宣告、比較運算、邏輯運算等函式，了解這些運算的意義與宣告方式，才能夠將它應用在 App 的設計上。

3-2-1　常數

　　數學常數通常是可計算的數字。在程式執行過程中，資料會重複出現且資料內容不會改變的稱為「常數」。App Inventor 中常數的分類有三種，包括算數常數、文字常數、邏輯常數三種。

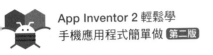
算數常數

算術常數的特徵是資料內容為數值。在 App Inventor 中由「內置塊」中點選「數學」類別，即可找到如圖的模塊，模塊欄位中可輸入數值。算數常數可以是整數常數，如 45、-36、0、1005 等，也可以是浮點數常數，如 0.56、-0.03、3.14159 等，如果輸入非數字的字元，設定值會變成 0。

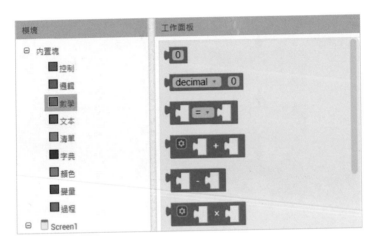

文字常數

文字常數是所輸入的資料為文字字串。在「內置塊」的「文字」類別中可看到文字常數的模塊。使用時要在兩個「"」之中間輸入中／英文字即可。

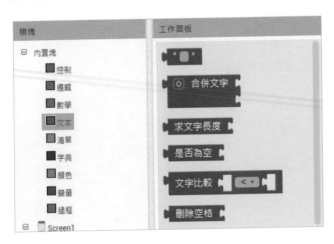

🔵 邏輯常數

邏輯常數只有兩個，一個是「真」，一個是「假」。使用時只要從「內置塊」下的「邏輯」類別中直接取用即可。

3-2-2 變數

常數的相反則是「變數」，變數是程式語言中不可或缺的部分，它算是一個容器，用來儲存可變動的資料內容。變數又分為「全域變數」與「區域變數」兩種，所有變數一定要經過宣告才能夠使用。

變數的宣告方式是從「內置塊」中點選「變量」類別，再從中點選「初始化全域變數」的模塊即可加入。

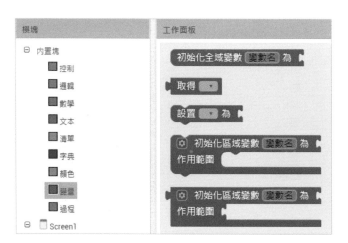

　　加入後點選中間的「變數名」並加以反白，就可輸入新的變數名稱。變數名稱可以使用中文、英文或中英混合，變數名稱最好能夠代表變數本身所具有的意義，例如總和取名為「sum」，分數取名為「score」等。變數宣告後記得要設定變數初始值，以免程式執行時發生錯誤。程式模塊的堆疊若有問題，App Inventor 也會在「工作面板」左下方顯示，如下所示：

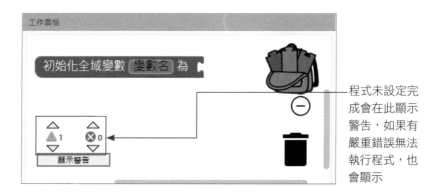

　　除了全域變數外，區域變數只能在指定的區域範圍中使用變數。加入的方式也是在「變數」的類別中點選如圖的兩個模塊。

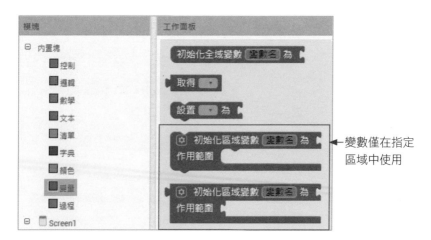

預設值只有一個區域變數，如果需要擴充項目，可按下左上方的 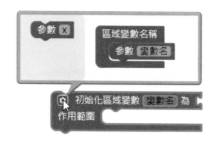 鈕來加入。

3-2-3　字串運算

字串運算的主要功能是將多個字串或數值結合成一個字串，在 App Inventor 中是使用「文本」類別中的「合併文字」模塊來實現。在 3-3 的範例中，我們使用此功能來合併日期選擇器的年／月／日，也合併了個人輸入的姓名、生日、密碼等資料，各位就可以知道它的使用技巧。

3-2-4　算術運算

算術運算是執行一般數學的加、減、乘、除四則運算。App Inventor 裡要建立算術運算，是從「內置塊」的「數學」類別中進行選取。

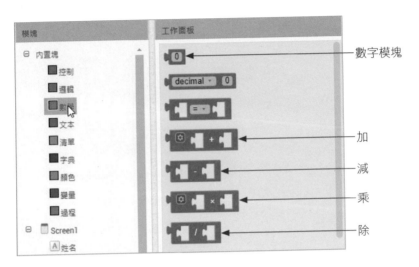

在進行四則運算時，空白框裡請放入數字模塊，並填入數值。例如 3+3 是先選取「+」的模塊，接著選取「數字模塊」，數字模塊中輸入數值「3」，然後拖曳數字模塊到框框之中即可嵌入。

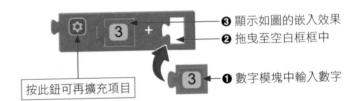

進行運算時，是以框在裡面的數字先進行運算，例如 6×(4+3) 在拼接模塊時是以底下方式呈現。

3-2-5 比較運算

比較運算最常使用在兩個數值的比較，數值比較的運算共有六種，包括等於、不等於、小於、小於等於、大於、大於等於。請從「內置塊」的「數學」類別中找到如圖的模塊，再從下拉鈕進行下拉，就可以看到如圖的六種比較運算。

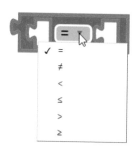

比較運算用來判斷條件左右兩邊的運算元是否相等、大於或小於，當運算是成立，就會得到「真」，不成立就會得到「假」。

除了數值比較運算外，App Inventor 還有提供字串比較運算，用於兩個字串的比較，它會逐一比較字串中的字元，若字元相同就比較下一個字元，直到比較出大小為止，其下拉選項包括小於、等於、大於三種。

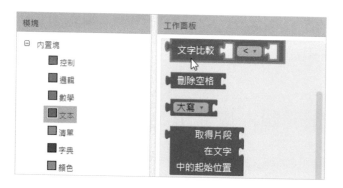

3-2-6 邏輯運算

邏輯運算主要是運用邏輯判斷來控制程式的流程,通常用在兩個表示式之間的關係判斷。程式中所提及的邏輯運算指的是「非」、「與」、「或」,各位可以在「內置塊」的「邏輯」類別中看到如下的三種綠色模塊。

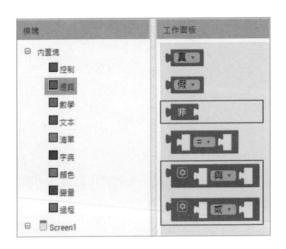

■ 非(not):邏輯 not 是邏輯否定,它會將比較運算式的結果做反向輸出,用以傳回與運算相反的結果。也就是真變成假,假變成真。

■ 與(and):邏輯 and 必須左右兩個運算元都成立,運算結果才會成立。

■ 或(or):邏輯 or 只要左右兩邊運算元任何一邊成立,運算結果就為真。

3-3 範例 - 個人資料填寫

在手機上經常需要填寫個人資料,以便申請會員或是進行某些確認動作。常用的個資不外乎姓名、生日、密碼等資料的填寫,而利用 App Inverntor 程式的標籤、按鈕、文字輸入盒、日期選擇器等組件便可做到。此範例就以個資的填寫作介紹,同時讓用戶按下「輸入資料確認」鈕,可以在下方的欄位中看到自己所輸入的資料,以做確認。

【範例檔】MyData.aia

輸入資料後手機顯示結果 　　　　　　版面編排

3-3-1　學習重點

標籤、按鈕、文字輸入盒的使用各位應該都不陌生，此範例著重在日期選擇器的使用，以及如何將所輸入的資料合併顯示在指定的標籤中。範例中會使用到的組件包含如下：

■　介面配置：水平配置

■　使用者介面：標籤、文字輸入盒、密碼輸入盒、按鈕、日期選擇器

「日期選擇器」的組件主要讓用戶設定年月日，當用戶按下該組件，程式就會呼叫並打開選擇器，呈現如下的畫面讓用戶設定日期，用戶可以透過「＋」、「－」鈕進行調整，或是直接輸入數字。

對於文字的合併,「內置塊」裡有「文本」類別,凡與文字有關的指令,可以在此找到。

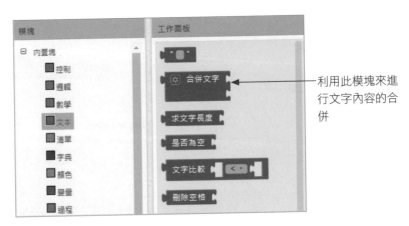

利用此模塊來進行文字內容的合併

3-3-2 畫面編排與組件清單

首先新增一個「MyData」專案,將 Screen1 的標題設定為「個人資料填寫」,接著由組件面板將所需的組件拖曳到工作面板中,使畫面編排顯示如圖。

　　為了便於程式的設定，先將各組件的名稱加以命名，請利用「重新命名」鈕將名稱變更如下：

3-3-3　組件屬性設定

　　每個組件都有不同的屬性，這裡將所設定的屬性說明如下：

■　姓名：字體大小 20、寬度填滿、文字「姓名：」。

■　姓名框：字體大小 20、寬度填滿、提示「中文姓名」。

■　水平配置 1：寬度填滿。

■　生日：字體大小 20、文字「生日：」。

■　日期選擇器 1：字體大小 14、文字「日期選擇」。

■　生日框：字體大小 20、寬度填滿、「文字」欄位保留空白。

■　密碼：字體大小 20、文字「密碼」。

■　密碼框：字體大小 20、寬度填滿、提示「請輸入 7 個以上的字元」。

■　確認鈕：自訂背景顏色為橙色、勾選「啟用」和「粗體」、字體大小 20、文字「輸入資料確認」、文字顏色為白色。

■　資料顯示區：自訂背景顏色為淡橙色、字體大小 25、高度 150 像素、寬度填滿、「文字」欄位保留空白。

3-3-4　日期選擇器設定

首先設定日期選擇器被按下時，呼叫並打開日期選擇器。

■　由「Screen1」類別之中點選「日期選擇器 1」，找到如圖的土黃色模塊。

■　再次點選「日期選擇器 1」，找到如圖的紫色模塊，並將兩模塊拼接在一起。

3-3-5　文字合併顯示在標籤中

當用戶利用日期選擇器選定好日期後，要讓所設定的年份、月份、日期等文字資料合併在一起，同時顯示在「生日框」的標籤之中。因此我們將做以下的模塊拼接。

■　點選「日期選擇器 1」，找到完成日期設定的土黃色模塊。

■　點選「生日框」，找到如圖的綠色模塊，用以指定生日框中的文字內容。

■　生日框中所顯示的文字是將年月份等資料合併在一起，因此請從「內置塊／文本」類別，找到紅色的「合併文字」模塊。如下圖所示：

「合併文字」模塊允許將兩個以上的文字字串合併在一起，萬一合併的字串多於兩個以上，可按下模塊左上角的 ⚙ 鈕來增加，增加方式如下：

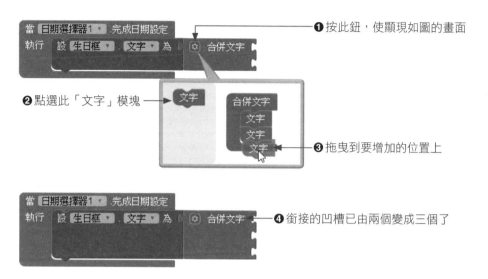

要合併的資料是日期選擇器上所顯示的年度、月份、日期三個資訊，因此請點選「Screen1」底下的「日期選擇器 1」，找到如圖的淺綠色區塊，依序加入年度、月份、日期。

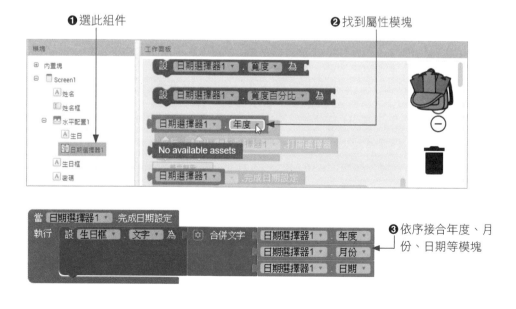

合併文字後，日期的數字會相連在一起，所以建議加入斜線「/」做為區隔，以利辨識。請按下 鈕在要增加的位置插入模塊，接著點選「內置塊」底下的「文本」類別，找到如圖的紅色模塊，這樣合併後的文字就會顯示「年度 / 月份 / 日期」了。

❶ 選取「文字」類別　　　❷ 選此模塊　　　❸ 插入至此，並加入斜線

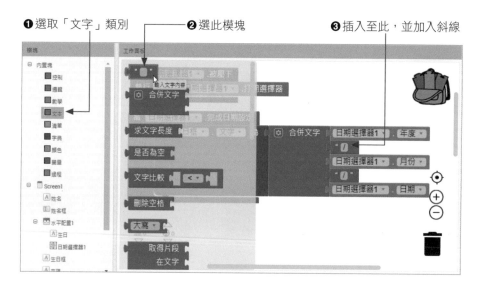

3-3-6　按下按鈕合併顯示個資

學會將生日選擇的結果合併顯示在標籤後，接著要練習的是，按下按鈕將姓名、生日、密碼等多筆個資合併顯示在「資料顯示區」裡。同樣地，為了讓用戶清楚辨別各項資料，最好在資料之前加入所屬的標題名稱。請點選「確認鈕」組件，依照前小節介紹的要領，依序加入如圖的程式模塊就可搞定。

完成如上程式模塊，用戶按下橙色的「輸入資料確認」鈕，就會將輸入的內容合併顯示在下方了。

輸入資料確認

姓名：張佳庭生日：
1980/5/6密碼：
cct0506

3-4 範例 - 身體質量指數 BMI 計算

這個範例是讓用戶透過手機輸入個人的身高與體重的數值，按下「開始計算」鈕可以知道自己的 BMI 值，按下「清除重算」鈕則自動將身高、體重、BMI 等欄位的資料清除。範例結果如下：

【範例檔】BMI.aia

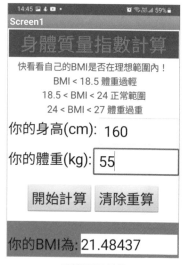
手機顯示結果

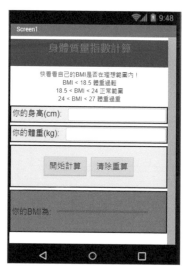
版面編排

3-4-1　學習重點

這個範例運用到數學的除法運算和次方的使用，使用到公式只有一個：

身體質量指數 BMI 計算：BMI = 體重（公斤）/ 身高²（公尺²）

我們的目的是讓運算的結果能夠顯示在指定的標籤之中。由於多數人並不知道如何判斷身體胖瘦的程度，也不知道計算出來的數值代表何種意義，所以最好在畫面中能夠加以說明。

範例中所使用到的組件，主要是「使用者介面」中的「標籤」、「文字輸入盒」、「按鈕」；「標籤」用於標示文字，像是標題、說明文字等，「文字輸入盒」可讓用戶輸入資料，「按鈕」則用來觸發事件，而使用「水平配置」的介面配置是方便做組件的水平編排。

3-4-2　畫面編排與屬性設定

請自行新增專案並命名為「BMI.aia」，由「使用者介面」依序將組件拖曳至工作面板中，使工作面板與組件列表顯示如圖。

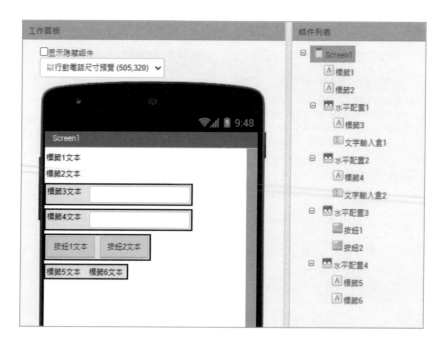

加入組件後，請在「組件列表」裡按「重新命名」鈕，依序變更組件名稱，接著點選各組件，依序在「組件屬性」的面板中變更屬性，而組件名稱及其屬性設定如下：

▶ Screen1

■ 標題：背景顏色深灰、字體大小 24、高度 50 像素、寬度填滿、文字「身體質量指數計算」、文字對齊「居中」、文字顏色橙色。

■ 說明文字：寬度填滿、文字「快看看自己的 BMI 是否在理想範圍內！ \n BMI < 18.5 體重過輕 \n 18.5 < BMI < 24 正常範圍 \n 24 < BMI < 27 體重過重」、文字對齊「居中」、文字顏色紅色。

▶ 水平配置 1：寬度填滿。

■ 身高 cm：字體大小 18、文字「你的身高（cm）:」。

■ 身高：字體大小 18、寬度填滿、勾選「僅限數字」、「提示」欄位保留空白。

▶ 水平配置 2：寬度填滿。

■ 體重 kg：字體大小 18、文字「你的體重（kg）:」。

■ 體重：字體大小 18、寬度填滿、勾選「僅限數字」、「提示」欄位保留空白。

▶ 水平配置 3：水平對齊「居中」、垂直對齊「居中」、高度 80 像素、寬度填滿。

■ 開始計算：字體大小 18、文字「開始計算」。

■ 清除計算：字體大小 18、文字「清除重算」。

▶ 水平配置 4：垂直對齊「居中」、背景顏色橙色、高度 80 像素、寬度填滿。

■ BMI：字體大小 18、文字「你的 BMI 為:」。

■ 結果：背景顏色白色、字體大小 18、寬度 180 像素、「文字」欄位保留空白。

3-4-3 觸發「開始計算」按鈕

當版面編排到確定後,現在準備進行程式的設定,請切換到「程式設計」的介面。由「模塊」下點選「開始計算」鈕,並找到如圖的模塊,使觸發事件。

當「開始計算」鈕被點下時,要讓計算的結果(文字)顯示在命名為「結果」的標籤中。所以請點選「結果」的組件,並找到如圖的綠色模塊,使兩個模塊拼接在一塊。

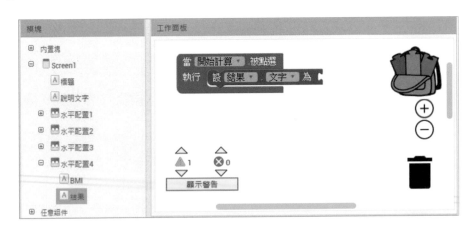

BMI 的公式是「體重（公斤）/ 身高 ^{2}（公尺 ^{2}）」，所以請由「內置塊」的「數學」類別中找到除法的模塊。接著點選「體重」組件，找到「體重 . 文字」的淺綠色模塊，將模塊鑲嵌在前方的框框中。如圖示：

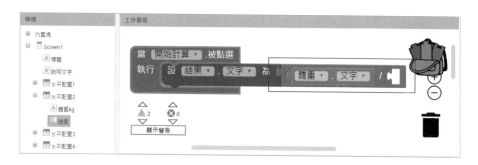

點選「身高」組件，先找到「身高 . 文字」的模塊，後方的身高是以「公尺」為計算單位，然而一般人習慣以「公分」做單位，所以要將「身高的文字「除以」「100」，使變成「公尺」。

接著再從「數學」類別找到數字模塊與數次方的模塊，並拼接成如圖的程式。

將上述程式模塊拼接在一起，使顯現下圖的結果，如此一來，當用戶在手機上輸入身高與體重的數值，按下「開始計算」鈕就可以看到個人的 BMI 指數。

3-4-4 觸發「清除重算」按鈕

　　加入「清除重算」鈕的目的是方便用戶清除先前的資料，以便輸入新的身高與體重值。所以請從「模塊」下點選「清除重算」的組件，找到如圖的土黃色模塊，以便觸發事件。

　　當「清除重算」鈕被按下時，要讓「身高」輸入框、「體重」輸入框，以及「結果」標籤的文字都變成空白，所以請依序點選上述組件，找到如圖的綠色模塊，再由「內置塊」下的「文本」類別找到輸入文字內容的模塊，堆疊成如圖的程式就完成囉！

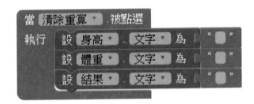

　　完整的程式模塊如下：

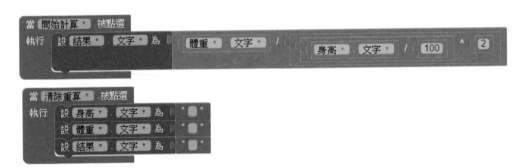

3-5 範例 - 簡易數學運算

這個範例是製作一個簡易的計算機,讓用戶可以進行兩筆數值的相加或相減。範例中我們利用表格配置來整齊排列數字按鍵,所輸入的按鍵數字會顯示在上方的灰色顯示區中。按下「=」鍵將顯示相加或相減後的結果,按「C」鍵則是清除顯示區的數字。範例顯示結果如下:

【範例檔】calculator.aia

手機顯示效果

版面編排

3-5-1 學習重點

這個範例可以讓各位熟悉算術的運算,也能學習到全域變數的使用技巧。由於所觸發事件的組件多達十四個,因此要加入的程式模塊比較多,程式也變得較複雜些。範例中所運用到的組件包含如下:

■ 使用者介面:標籤、按鈕

■ 介面配置:表格配置、水平配置

3-5-2 畫面編排與屬性設定

請先新增一個「calculator」專案,將 Screen1 的標題設定為「簡易數學運算」,接著由組件面板先將標籤、表格配置、水平配置、按鈕等組件先加入至工作面板中。

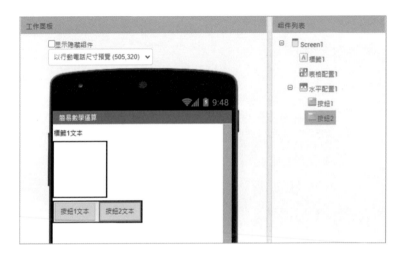

「表格配置」必須先決定列數與行數,這樣才能在表格中加入其他組件。請從「組件屬性」裡先設定 3 列 4 行的表格,以便將 12 個按鈕加入到表格中。

　　組件加入後，接著依序變更各組件的名稱，同時設定組件屬性，各組件的名稱與屬性設定如下：

▶ Screen1：水平對齊居中、標題「簡易數學運算」。

- 顯示區：背景顏色深灰、字體大小 50、高度 100 像素、寬度 300 像素、「文字」欄位保留空白、文字對齊「居中」、文字顏色白色。

▶ 表格配置 1：列數 3、寬度 300 像素、行數 4。

- b7：字體 40、寬度 100 像素、文字「7」。
- b8：字體 40、寬度 100 像素、文字「8。
- b9：字體 40、寬度 100 像素、文字「9」。
- b4：字體 40、寬度 100 像素、文字「4」。
- b5：字體 40、寬度 100 像素、文字「5」。
- b6：字體 40、寬度 100 像素、文字「6」。
- b1：字體 40、寬度 100 像素、文字「1」。
- b2：字體 40、寬度 100 像素、文字「2」。
- b3：字體 40、寬度 100 像素、文字「3」。
- b0：字體 40、寬度 100 像素、文字「0」。
- 加：字體 40、寬度 100 像素、文字「+」、文字顏色紅色。
- 減：字體 40、寬度 100 像素、文字「-」、文字顏色紅色。

▶ 水平配置 1：寬度 300 像素。

- 清除：背景顏色紅色、字體 40、寬度 150 像素、文字「C」、文字顏色白色。
- 等於：背景顏色灰色、字體 40、寬度 150 像素、文字「=」、文字顏色白色。

設定完成後，所顯示的版面配置與組件清單如下：

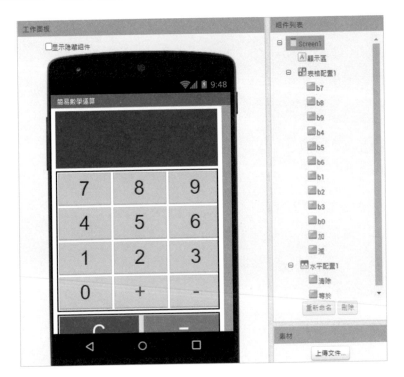

3-5-3 設定 0-9 按鈕程式

數字計算當然少不了 0-9 的按鈕，當數字按鈕被按下時，我們希望顯示區能將該數字顯示在其中，讓用戶可以確認自己所輸入的數值是否有誤。請切換到「程式設計」介面先做以下的模塊拼接：

■ 點選「表格配置 1」中的「b7」組件，找到「b7 被點選執行」的土黃色模塊。

■ 點選「顯示區」，找到「設顯示區.文字為」的綠色模塊。

■ 由「內置塊／文本」找到「合併文字」的模塊。

■ 點選「顯示區」，找到「顯示區.文字」的淡綠色模塊。

■ 由「內置塊／文本」找到「輸入文字內容」的模塊，並輸入數值 7。

依上述方式所拼接的程式模塊如下：

完成第一個數字按鈕的設定後，請按右鍵執行「複製程式模塊」指令，再依序變更數字組件和相對應的數字，完成 0-9 按鈕的設定。

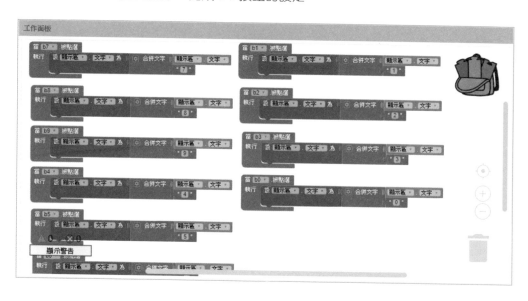

3-5-4　觸發「清除重算」按鈕

數字按鈕設定後，接著來設定「清除重算」鈕。此鈕以文字「C」表示清除（Clear），作用是當數字鈕按錯或是想要重新計算時，用來清除先前輸入的數字並重新計算。所以堆疊此程式時是設定當按鈕被按下時，將顯示區的文字設定空白。堆疊的程式模塊如下：

3-5-5　變數建立與宣告

　　由於無法知道用戶所輸入數字為何，所以我們要利用「變數」功能來儲存變動的資料。請從「內置塊」中點選「變量」類別，再從中點選「初始化全域變數」的模塊，以便宣告變數「number」的建立，同時設定變數的初始值為數值「0」，以免程式執行時發生錯誤。

初始化全域變數 number 為 0

　　除了數字外，還需要建立「symbol」的全域變數，此變數用來儲存「+」或「-」的符號，同時指定空白字串作為變數的初始值。

初始化全域變數 symbol 為 " "

3-5-6　加／減鈕設定

　　當加法的按鈕「+」被點選時，先設「global number」變數的值等於顯示區裡的輸入值，接著設定「global symbol」變數為字串為「+」，讓顯示區的文字呈現空白，以便等待下一個變數值的輸入。依此邏輯，請加入如下的程式模塊：

■　點選「加」組件，找到土黃色的模塊，使觸發事件。

■　點選「內置塊／變量」，找到「設置為」的棕色模塊，並下拉選擇「global number」的選項。接著點選「顯示區」組件，找到「顯示區.文字」的淺綠色模塊，使取得該數值。

■ 點選「內置塊／變量」，找到「設置為」的棕色模塊，下拉選擇「全域 symbol」選項。接著點選「內置塊「文本」，找到「輸入文字內容」的模塊，並輸入字串「+」。

■ 點選「顯示區」組件，設定為空白字串。

```
當 加 ▼ .被點選
執行   設置 全域 number ▼ 為   顯示區 ▼ . 文字 ▼
       設置 全域 symbol ▼ 為   " + "
       設 顯示區 ▼ . 文字 ▼ 為   " "
```

■ 設定完「+」鈕被按下時所執行的程式後，請依同樣技巧設定「-」鈕被按下時所執行的程式模塊。

```
當 減 ▼ .被點選
執行   設置 全域 number ▼ 為   顯示區 ▼ . 文字 ▼
       設置 全域 symbol ▼ 為   " - "
       設 顯示區 ▼ . 文字 ▼ 為   " "
```

3-5-7 按「=」鈕顯示運算結果

這個 App 程式只設定為兩個數值的相加或相減，如果用戶所按下的符號為「+」，那就設定顯示區的文字為「number」變數的值加上顯示區所取得的數值，運算完成後將變數值歸零。反之，如果用戶所按下的符號為「-」，就設定顯示區的文字為「number」變數的值減去顯示區所取得的數值，運算完成後將變數值歸零。依此邏輯，請加入如下的程式模塊：

　　這個範例中有運用到單向的判斷式「如果…則」，如果指定的條件為「真」，就會執行判斷式內的程式模塊，如果指定的條件為「否」就會直接結束。

MEMO

MEMO

04 CHAPTER

控制／清單／對話框應用

想要寫好程式，程式執行的控制就相當重要，程式語言的控制分為「決策流程控制」與「迴圈流程控制」兩種；決策流程控制代表程式會依指定條件來決定程式的走向，迴圈流程控制則是符合條件時重複執行一段程式敘述，而清單的使用可以取代大量的變數，增進程式執行的效能。另外，對話框在各種應用程式之中經常被運用，對話框可以呼叫訊息提示視窗，用來提示使用者相關訊息。其特點是不會佔據螢幕視窗，而且在提示之後或是在用戶回應之後消失。這些主題我們將在此章跟各位做介紹。

4-1　決策流程控制

在程式語言中，判斷式是一種控制程序邏輯的方式，程式會因為條件的變化而選擇不同的處理流程，進而產生不同的結果，而其依據的原則就是「判斷式」。判斷式可分為單向判斷、雙向判斷、多向判斷三種，以下跟各位做說明。

4-1-1　單向判斷式

單向判斷式是根據條件算式的結果，來判斷接下來要執行的動作程式。如果條件式的結果成立則執行動作，如果不成立就跳過動作。也就是說，當條件為「真」就會執行判斷式內的程式模塊，如果條件式為「假」就會結束單向判斷式模塊。例如「上學去，下雨只能搭公車。」這就是「一個條件，一項選擇。」句中點出「下雨」是單一條件，「下雨了」表示條件成立，只有一個選擇「搭公車」。

判斷式方模塊位在「內置塊」的「控制」類別中，「如果」後方的凹槽是用銜接條件算式，而「則」後方的凹槽用來銜接條件成立時所要執行的動作。

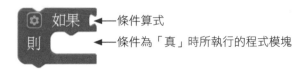

4-1-2 雙向判斷式

單向判斷式只做單向的判斷，功能較不完整，而雙向判斷式除了會處理條件算式成立時要執行的動作，也會執行條件不成立時需要執行的動作。例如去上學，天氣好就走路（條件成立），否則就搭公車（條件不成立）。

要設定雙向判斷式，一樣是從「內置塊」下的「控制」類別拉出單向判斷式的模塊，接著按下藍色圖鈕 ⚙，即可進行項目的擴充。

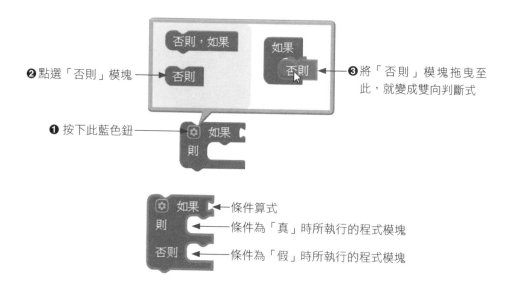

4-1-3 多向判斷式

多向判斷適用在需要層層過濾處理的資料上，例如學生成績等級的判斷，90 分 -100 分設定為 A 級，80 分 -90 分設為 B 級，70 分 -80 分為 C 級，其餘設為 D 級。

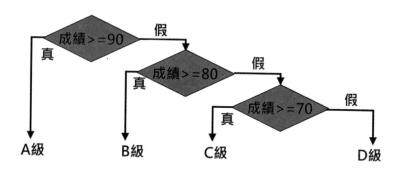

多向判斷式的使用，一樣是從「控制」類別拉出單向判斷式的方模塊，再從藍色圖鈕 ⚙ 擴充「否則，如果」的程式模塊，每拖曳一次「否則，如果」的模塊就新增一個條件式。如果要加入所有條件都不成立時所執行的程式模塊，就將「否則」的模塊加到最下方。

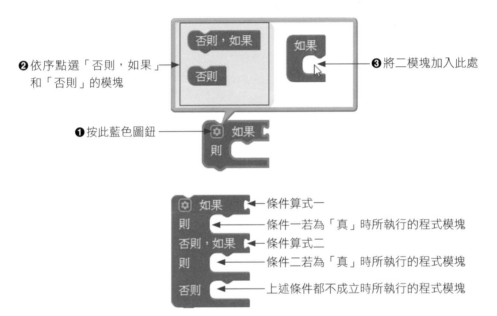

4-2 迴圈流程控制

在程式中用來處理重複工作的功能稱為「迴圈」，迴圈也是常見的流程控制。迴圈是指在程式中只出現一次，但卻可以重複執行的程式模塊，迴圈中的程式碼可以執行指定的次數，像是 for 迴圈。另外，它也可以根據所設立的條件，重複執行某一段程式模塊，直到條件判斷不成立才會跳出迴圈，例如 while 迴圈。

4-2-1 For 迴圈

在「內置塊」的「控制」類別中，各位可以找到如圖的模塊，此模塊就是 for 迴圈，常用於固定重複執行次數的情況。

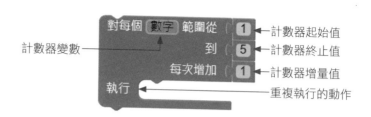

模塊中的「數字」為計數器變數名稱，程式中可以由此變數取得計數器的數值。迴圈開始時會將計數器變數值設為起始值，接著比較計數器變數值和終止值的大小，如果計數器變數值小於或等於終止值就會執行程式模塊，執行完成後再將數值加上計數器的增量值再作比較，依此方式重複比較，直到計數器變數值大於終止值才結束迴圈。

使用 for 迴圈最經典的範例就是數字的累加。例如「1+2+3…+10」，其變數由 1 開始，當數值小於等於 10，就會進入 for 迴圈的執行動作，直到計數器的值大於 10，表示條件不成立，才會離開迴圈。

另外 App Inventor 中也允許使用「巢狀迴圈」，巢狀迴圈就是在 for 迴圈之中又包含 for 迴圈，例如九九乘法表便是經典的例子，只要利用兩個 for 迴圈就可輕鬆完成。

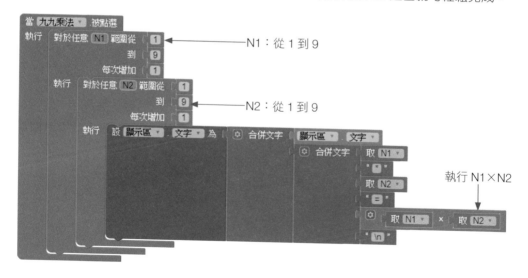

4-2-2　While 迴圈

While 迴圈和 for 迴圈類似，不過 While 迴圈是給一個迴圈的終止條件，當執行到條件成立時才結束迴圈。所以進入 While 後會先檢查條件運算式，符合時才會執行迴圈內的程式模塊，若不成立就會跳離迴圈。各位在「內置塊」的「控制」類別中，可以找到如圖的程式模塊，此模塊就是 While 迴圈。

4-3　清單

在應用程式中通常是使用變數來儲存資料，以學校裡計算學生的成績為例，每個學生成績可能有 4-5 科，透過程式處理，這些成績也要 4-5 個變數做儲存。如果一個年級有 5 個班級，每班 40 個學生，所需要的變數會更多。為了因應這種的情況，「陣列」這種特殊的資料結構可以解決這樣的問題。藉助程式把同類資料全部記錄在某一段記憶體中，其好處是可以省卻為同類資料命名的步驟，還可以透過索引值取得存在記憶體中真正需要的資料。

App Inventor 中的「清單」功能就是一般程式語言中的「陣列」，清單可視為一連串資料型別相同的變數，變數與清單的差別在於一個變數只能儲存一個資料，而清單是一組相同型態的連續變數，使用同一個變數名稱，且用一個索引值來指定要存取第幾個變數。

4-3-1　建立清單

由於清單也是變數的一種，所以使用前必須先做宣告，以便指定清單名稱，並且要設定清單的初始值。清單的建立方式是從「內置塊」中點選「清單」類別，即可選擇建立含初始值或不含初始值的清單。

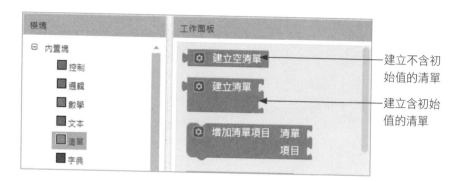

建立不含初
始值的清單

建立含初始
值的清單

　　要建立含有初始值的清單，在加入「建立清單」的模塊後，預設值可加入兩個清
單項目，如果不敷使用，可按下 ⚙ 鈕增加清單項。

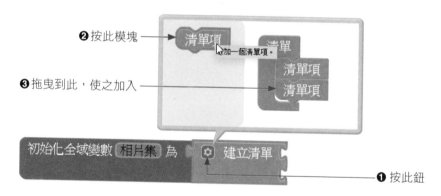

如圖所示，便是加入四個清單元素。

　　一般建立清單項目的方式有兩種，上述的方式是在程式介面中使用程式模塊來設
定清單元素，另外也可以透過「清單選擇器」組件和「清單顯示器」組件來加入清單
元素喔！

4-3-2　清單選擇器組件

　　清單選擇器是「使用者介面」中的一項組件，此組件經常與清單結合使用，可直接在「組件屬性」的區塊中設定清單元素，而元素字串之間只需以逗號分隔即可。

【範例檔】Exercise4_1.aia

　　如上所示，在「元素字串」中加入了「主修課程」與「選修課程」兩個元素，當用戶按下該組件後，就會顯示如右下圖的清單列表讓用戶選擇。

「清單選擇器」組件的外觀與按鈕組件相同，組件較特別的屬性有如下三種：

- 元素字串：可直接設定清單選擇器內的元素值。

- 選中項：設定目前被選取的項目。

- 形狀：設定組件顯示的外觀形狀。

如果切換到「程式設計」的介面，「清單選擇器」組件常用的程式模塊有如下幾種，作用是在觸發事件或方法。

- 選擇完成：用戶點選「清單選擇器」組件的項目後會觸發事件，並且傳回用戶所點選的項目值，設計者可根據傳回的值在此事件中執行後續的動作。

- 準備選擇：點選清單選擇器後，在尚未顯示清單內容前所觸發的事件。

- 開啟選取器：要顯示「清單選取器」有兩種方法，一個是用戶直接點選「清單選取器」組件，另一個是在程式模塊中設定觸發事件後，以呼叫的方式開啟選取器。其作用等同於按下清單選取器。

4-3-3 清單顯示器組件

清單顯示器也是「使用者介面」中的一項組件，可直接在「組件屬性」的區塊中設定元素字串，元素字串之間以逗號分隔即可。

【範例檔】Exercise4_2.aia

❶ 選用「清單顯示器」，使之加入　　　　❷ 在此設定元素字串，就可以在工作面板上看到清單

❸ 由此設定選中顏色

　　在「組件屬性」面板中，除了可以直接設定清單要顯示的項目外，也可以設定選中項目所要顯示的顏色。如下圖所示，用戶按下「英文」的選項時，被選中的項目顏色會變更為紅色。

4-4 對話框組件

在 App Inventor 中，「對話框」組件放置在「使用者介面」的類別中，此組件屬於非可視的組件，所以加入到工作面板上並不會看到任何的東西。這小節我們將針對經常顯示的警告訊息、訊息對話框、互動式對話訊息等作說明，讓各位熟悉該組件的各種表現方式。

4-4-1　對話框的事件與方法

在程式介面中，要對「對話框」進行設定，可由如下的畫面中進行選用：

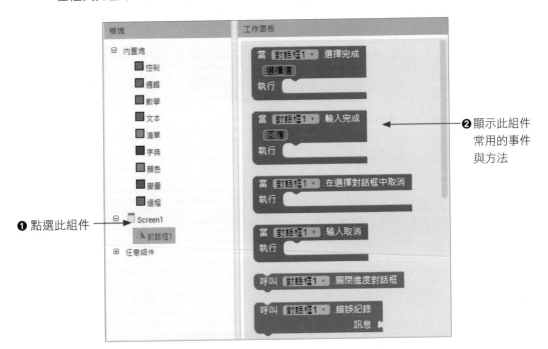

對話框常用的事件及方法有如下幾種：

■ 選擇完成：用戶按下訊息視窗按鈕後所觸發的事件。

■ 輸入完成：用戶按下對話框輸入文字後，點選按鈕後所觸發的事件。

■ 顯示警告訊息：顯示文字警告訊息，幾秒後自動消失。

■ 顯示選擇對話框：顯示兩個按鈕的文字訊息視窗，用戶只要點選其中一個按鈕，
視窗就會立即消失並傳回點擊按鈕的值。

■ 顯示訊息對話框：顯示文字訊息視窗，可自定標題與訊息文字，此對話框必須等
當用戶按下按鈕後對話框才會消失。

■ 顯示文字對話框：顯示擁有文字輸入框的訊息視窗，用戶輸入文字並點擊按鈕
後，視窗就會消失並傳回輸入的文字。

4-4-2 顯示警告訊息

　　大致了解對話框的事件與方法，我們簡單來應用對話框組件。如下面的範例所示，當用戶按下紅色的「說明」鈕，螢幕中央就會出現如圖的黑底白字警告訊息。

【範例檔】Exercise4_3

❶ 按此鈕→

❷ 視窗中央顯示此文字警告訊息，幾秒後自動消失

　　各位可以發現，範例中的螢幕只有兩個組件，一個是按鈕組件，一個是對話框組件。而程式部分只要設定當「說明」按鈕被點選時，呼叫對話框 1 顯示警告訊息，而「通知」之後只要插入要提示的文字內容即可完成。

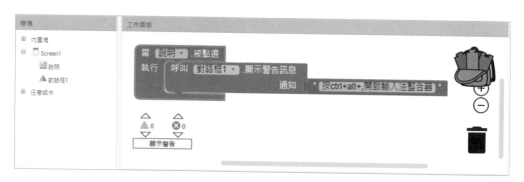

4-4-3 顯示訊息對話框

顯示訊息對話框是顯示文字訊息視窗，可自定標題與訊息文字。如下面的範例所示，當用戶按下藍色的「刪除」鈕，它會顯示左下圖的對話框，而右側則是所堆疊的程式模塊。

【範例檔】Exercise4_4

4-4-4 互動式對話訊息

所謂的「互動式對話訊息」是指顯示的視窗會要求用戶先做出回應，當回應的值傳回程式之後才會進行後續的處理。在對話框的組件中，「顯示選擇對話框」和「顯示文字對話框」都可以達到雙方互動的效果。

● 顯示選擇對話框

此對話框用來顯示兩個按鈕的文字訊息視窗，用戶只要點選其中一個按鈕，視窗就會立即消失並傳回點擊按鈕的值。各位可以在對話框組件中看到如圖的程式模塊：

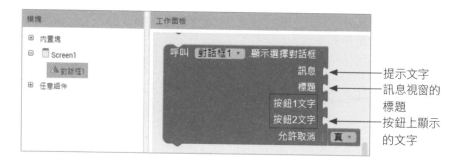

模塊中的「允許取消」在預設狀態會顯示「真」，這是代表對話視窗會出現「取消」鈕，若是下拉設為「假」則「取消」鈕不會出現。

由於「顯示選擇對話框」是屬於互動式對話訊息，所以除了設定對話框要顯示的標題、訊息和按鈕文字外，也要設定當對話框選擇完成時所要執行的動作。

【範例檔】Exercise4_5

如上所示的範例，要設定按下「刪除檔案」鈕會出現如左圖所示的「刪除」訊息視窗，按下對話框中的「確定」鈕會出現「檔案已刪除」的警告訊息，若是按下「取消」鈕則關閉對話框。依此邏輯概念，所堆疊出來的程式模塊如下：

在上面的程式模塊中，我們將「允許取消」設為「假」，這樣對話框就不會出現兩個「取消」鈕。另外，當用戶在對話框中選擇完成後，我們要讓程式進行文字的比較，如果所選取的值等於「確定」，就呼叫對話框顯示「檔案已刪除」的警告訊息；如果所選取的值等於「取消」，就呼叫對話框關閉對話框。其中，「取選擇值」是由以下的方式取得程式模塊。

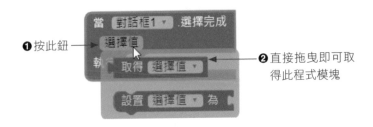

❶按此鈕

❷直接拖曳即可取得此程式模塊

顯示文字對話框

「顯示文字對話框」是顯示擁有文字輸入框的訊息視窗，用戶輸入文字並點擊按鈕後，視窗就會消失並傳回輸入的文字。

【範例檔】Exercise4_6

　　如上所示的範例，設定按下藍色的「輸入刪除檔名稱」的橢圓形按鈕會出現如左圖所示的「注意」訊息視窗，當用戶在輸入框中輸入檔案名稱後，按下對話框中的「OK」鈕，就可以在所設定的標籤中顯現回應的訊息。依此邏輯概念，所堆疊出來的程式模塊如下：

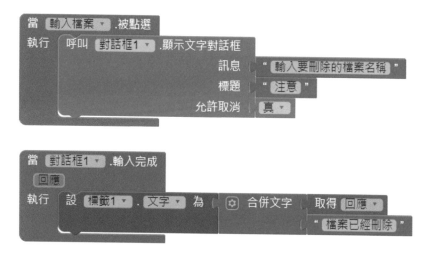

4-5 範例 - 基本資料單選

這個範例會介紹到「複選盒」組件的使用,「複選盒」可做成單選選項,像是性別、學歷等的選擇,也可以做成複選選項,像是興趣、運動等的多項選擇。而這個範例先來介紹單選選項的使用技巧。

在程式方面會運用到單向判斷式,也就是「如果,則」的使用,再利用邏輯運算來判斷資料的「真」或「假」。

【範例檔】singleselection.aia

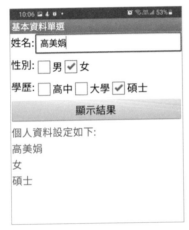

輸入資料後手機顯示結果

版面編排

4-5-1 畫面編排與組件列表

請新增一個「singleselection」專案,將 Screen1 的標題設定為「基本資料單選」,接著由組件面板將所需的組件,包括標籤、文字輸入盒、複選盒、按鈕等拖曳到工作面板中,使畫面編排顯示如圖。

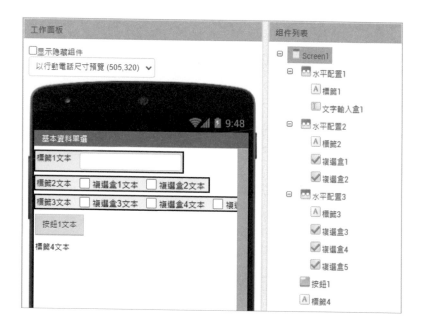

4-5-2 組件命名與屬性設定

接下來由「組件列表」處依序點選組件，將各組件利用「重新命名」鈕加以命名，以便於程式的設定。組件命名與屬性設定如下：

- 水平配置 1：寬度「填滿」。
- 標籤 1：字體大小 16、文字「姓名:」。
- 姓名欄：字體大小 16、寬度「填滿」、「提示」欄位保留空白。

- 水平配置 2：寬度「填滿」。
- 標籤 2：字體大小 16、文字「性別:」。
- 男：字體大小 16、文字「男」。
- 女：字體大小 16、文字「女」。

- 水平配置 3：寬度「填滿」。
- 標籤 3：字體大小 16、文字「學歷:」。
- 高中：字體大小 16、文字「高中」。
- 大學：字體大小 16、文字「大學」。
- 碩士：字體大小 16、文字「碩士」。

■ 結果：字體大小 16、寬度「填滿」、文字「顯示結果」。

■ 標籤 4：字體大小 16、文字欄位保留空白、文字顏色藍色。

4-5-3 單選鈕程式設定

　　畫面配置與組件屬性都設置完成後，接下來就是程式模塊的堆疊。在此 APP 中單選鈕有五個，包括男、女、高中、大學、碩士等，這五個按鈕在「組件屬性」的設定裡，「選中」功能是未被勾選的。如圖示：

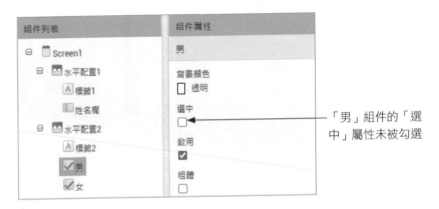

「男」組件的「選中」屬性未被勾選

　　當「男」組件狀態被改變時，程式可判斷「男」組件已被選中，如果「男」被選中是事實「真」，那麼就設定「女」被選中為「假」。依此邏輯，請在程式介面中堆疊出如下的程式組塊：

■ 點選「男」組件，找到「當男狀態被改變，執行」的土黃色模塊。

■ 由「內置塊／控制」找到「如果，則」的模塊。

■ 「內置塊／邏輯」找到「判斷兩者是否相等」的綠色模塊。

■ 點選「男」組件，找到「男選中」的淺綠色模塊。

■ 「內置塊／邏輯」找到「真」的綠色模塊。

■ 點選「女」組件，找到「設女選中為」的深綠色模塊。

■ 內置塊／邏輯」找到「假」的綠色模塊。

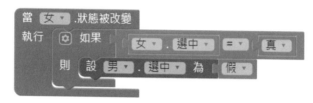

完成如上設定後，按右鍵複製程式模塊，再下拉將男改為女，女改為男，完成如下設定。

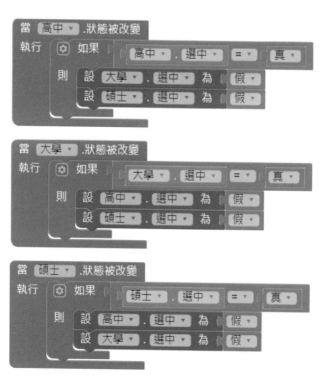

接著在手機上進行測試，就會發現「男」或「女」只有一個選項可被點選。確認程式模塊沒問題，請以相同進行「高中」、「大學」、「碩士」等單選鈕的設定。加入的程式模塊如下：

4-5-4 顯示結果鈕設定

當用戶輸入姓名資料和點選性別／學歷的選項後，我們希望「顯示結果」鈕被用戶點選後，會在下方的標籤依序顯示所設定的資料。因此可以利用「合併文字」模塊來合併所有資訊，我們一樣使用單向判斷式來處理，如果組件被選中（＝真），就將該名稱合併到標籤4中。為了方便閱讀，另外在後方加入換行的標記「\n」。加入的程式模塊如下：

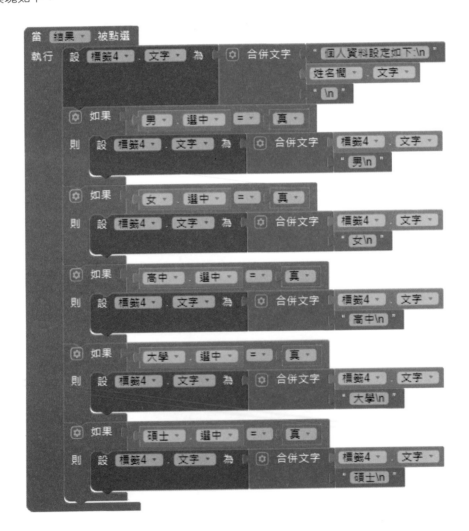

4-6 範例 - 基本資料複選

　　「複選盒」組件的使用，顧名思義當然以「複選」為主，在學會「單選」的應用後，複選的應用就會覺得很簡單。下面是複選的範例畫面，各位不妨試著思考如何自行完成此範例的製作，如有不清楚的觀念，再來參閱程式模塊，這樣會比較清楚自己的盲點在哪。

【範例檔】multiplechoice.aia

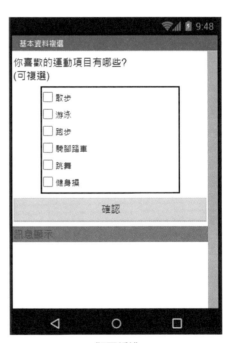

輸入資料後手機顯示結果　　　　　　版面編排

4-6-1　組件列表與屬性設定

新增「multiplechoice」專案，Screen1 標題設定為「基本資料複選」，由組件面板將標籤、複選盒、按鈕等組件拖曳到工作面板中，並以「垂直配置」排列複選項目，使畫面編排如圖，而組件屬性設定如下。

■　標籤 1：字體大小 18、文字「你喜歡的運動項目有哪些？\n（可複選）」。

■　垂直配置 1：寬度「70 比例」。

• 　散步：字體大小 18、文字「散步」。

• 　游泳：字體大小 18、文字「游泳」。

• 　跑步：字體大小 18、文字「跑步」。

• 　騎腳踏車：字體大小 18、文字「騎腳踏車」。

• 　跳舞：字體大小 18、文字「跳舞」。

• 　健身操：字體大小 18、文字「健身操」。

■　確認：字體大小 18、寬度「填滿」、文字「確認」。

■　標籤 2：背景顏色「橙色」、字體大小 18、文字「訊息顯示」、文字顏色紅色。

4-6-2　程式模塊設定

在程式部分，只要設定「確認」鈕被點選後，將所有被選中的文字合併顯示在「標籤 2」中。完整程式模塊如下：

4-7 範例 - 選課系統

在開學前，通常學生會依照系所開出的主修和選修課程，透過電腦來選取課程，以達到每學期必須修的學分數。這個範例是製作一個簡單的選課系統，讓用戶直接透過手機來選取想要的主修和選修科目，同時將所選取的課程列表於下方以利核對。範例畫面顯示如下：

【範例檔】selectcourse.aia

手機顯示效果　　　　　第一層清單（課程類別）　　　　　第二層清單（主修）

第二層清單（副修）　　　　　顯示選課內容　　　　　版面編排

4-7-1 畫面編排與組件列表

請新增「selectcourse」專案，將 Screen1 的標題命名為「應用美術系所選課系統」，水平對齊設為「居中」，使畫面物件可以對齊中央。接著由組件面板將清單選擇器、標籤、按鈕等組件拖曳到工作面板中，使畫面編排顯示如圖。

4-7-2 組件命名與屬性設定

請依序在「組件列表」中重新命名組件名稱，並依序設定組件屬性，組件名稱和組件屬性如下：

▶ 組件名稱設定

▶ 組件屬性設定

■ 選課系統：背景顏色「紅色」、粗體、字體大小 30、高度 150 像素、寬度「填滿」、項目背景顏色「橙色」、文字「課程選課系統」、文字顏色「白色」。

■ 標籤 1：字體大小 20、寬度「填滿」、文字保留空白、文字顏色「灰色」。

■ 刪除：粗體、字體大小 20、寬度 50 比例、形狀「橢圓」、文字「刪除」。

■ 選項清單：字體大小 20、項目背景顏色「藍色」、文字保留空白、取消勾選「可見性」。

「選項系統」的組件屬性因為有設定項目背景顏色為「橙色」，所以當「選課系統」被觸發時，所出現的清單底色會呈現橙色，如「課程類別」的畫面。而「選項清單」的項目背景色設為「藍色」，所以第二層清單就顯示為藍色背景，另外取消勾選「可見性」的屬性，該組件就不會在畫面上顯現出來。

組件都設定完成後，接下來就可以開始進行程式模塊的堆疊，請切換到「程式設計」介面。

4-7-3　設置變數與清單內容

由於我們不知道用戶會選取那些課程，因此先設定一個全域變數，以便儲存變動的資料。這個變數名稱就取名為「選取」，並設定其初始值為空白字串。

初始化全域變數 選取 為 " "

清單也是變數的一種，所以使用前必須先做宣告，以便指定清單名稱，並且要設定清單的初始值。在此選課系統中我們要建立的「類別」有兩個，包括「主修課程」與「選修課程」。主修課程的「項目」包括數學、英文、電腦繪圖、插畫、國文、素描等課程，而選修課程的「項目」包括中國藝術史、西洋藝術史。依此邏輯，請從「內置塊」的「變量」、「清單」、「文本」等處拖曳出如圖的程式模塊，完成如下的程式拼接。其中的「CSV 列轉清單文字」模塊是將文字按 CSV 格式進行解析，使產生包含各欄位資料的清單。

初始化全域變數 類別 為 建立清單 " 主修課程 "
" 選修課程 "

初始化全域變數 項目 為 建立清單 CSV列轉清單 文字 數學,英文,電腦繪圖,插畫,國文,素描
CSV列轉清單 文字 中國藝術史,西洋藝術史

4-7-4 事件的觸發

當用戶按下「課程選課系統」準備選擇選課時，我們希望選課系統的標題顯示為「課程類別」，不管用戶選擇的類別為主修課程或副修課程，都將其視為取得的元素。

當選課系統選擇完成時，將選課系統中選中的項目在清單標題中顯示出來，同時呼叫選取器將該項清單列表顯示出來。

當用戶在選項清單完成選取動作後，將用戶選中的項目在標籤 1 中顯示出來，並與「你所選取的課程：」等字合併在一起。

依此邏輯，請完成如下的程式模塊拼接：

當 選課系統 . 準備選擇
執行 設 選課系統 . 標題 為 " 課程類別 "
設 選課系統 . 元素 為 取得 全域 類別

當 選課系統 . 選擇完成
執行 設 選項清單 . 元素 為 選擇清單 取得 全域 項目
中索引值為 選課系統 . 選中項索引
的清單項目
設 選項清單 . 標題 為 選課系統 . 選中項
呼叫 選項清單 .開啟選取器

當 選項清單 . 選擇完成
執行 設置 全域 選取 為 合併文字 取得 全域 選取
選項清單 . 選中項
" \n "
設 標籤1 . 文字 為 合併文字 " 你所選取的課程:\n "
取得 全域 選取

設定完成後，各位只要按下紅色的「課程選課系統」，就可以自由地選取主修課程或副修課程，而且課程名稱都會顯示其下方。

4-7-5　刪除鈕設定

如果用戶選的課程內容有錯，我們要讓他們可以重新選擇，因此加入一個「刪除」鈕，讓用戶按下按鈕後可以刪除所有資料，使資料歸零。請繼續在程式設計介面中加入如下的程式就可完成喔！

4-8 範例 - 相片瀏覽器

使用手機瀏覽相片相信各位並不陌生,這個範例是運用到本章所學的清單建立、單向判斷式、顯示警告訊息等功能,加上「繪圖動畫」類別中的「畫布」功能所完成APP,讓各位按下「往前瀏覽」或「往後瀏覽」鈕可以依序瀏覽相片。當相片已切換到第一張或最後一張時,畫面中央就出現警告訊息來告知用戶,提醒用戶注意。

【範例檔】browse.aia

【素材來源檔】btblue.png、L01.jpg- L04.jpg

4-8-1　素材匯入

　　首先新增專案，名稱命名為「browse」，螢幕標題設為「相片瀏覽器」。並由「素材」處按下「上傳文件」鈕，將所提供的素材來源檔一一上傳。

4-8-2　畫面編排與組件屬性設定

　　在畫面編排方面，螢幕上先放置水平配置，水平配置中放入兩個按鈕和一個標籤。水平配置下方則依序加入「繪圖動畫」類別中的「畫布」、以及「使用者介面」類別中的「對話框」。請依序變更組件名稱，使組件列表顯示如圖：

　　排定組件順序後，接著設定各組件的屬性如下：

■　**Screen1**：背景顏色深灰、螢幕方向「鎖定直式畫面」

■　水平配置 1：寬度填滿

•　往前：粗體、字體大小 14、圖像「btblue.png」、文字「往前瀏覽」。

•　往後：粗體、字體大小 14、圖像「btblue.png」、文字「往後瀏覽」。

•　標籤 1：字體大小 14、「文字」欄位保留空白、文字顏色白色。

■　畫布 1：背景圖片「L01.jpg」、高度 480 像素、寬度 320 像素。

4-8-3　清單的宣告與建立

　　組件編排完成後，現在要開始堆疊程式模塊。切換到「程式設計」介面後，先設定一個「第 N 張」的全域變數，將初始值設為「1」。

初始化全域變數 第N張 為 1

因為清單也是變數的一種，所以再新增一個名為「相片集」的全域變數，接著「建立清單」，將「L01.jpg」到「L04.jpg」的相片依序加入至清單中。

初始化全域變數 相片集 為 建立清單 " L01.jpg "
" L02.jpg "
" L03.jpg "
" L04.jpg "

4-8-4 設定「往前」與「往後」按鈕

在此 App 中，畫布的背景圖片是由相片集的清單項所組成，不管目前相片在第幾張，當用戶按下「往後」鈕，就讓相片的編號加 1，使之顯示下一張相片。另外，在「標籤 1」的標籤中將其編號與「第」和「張相片」等文字合併在一起顯示。當相片的編號到達最後一張數值「4」，就呼叫對話框顯示警告訊息，告知用戶這是最後一張相片。依此邏輯概念所堆疊出來的程式模塊如下：

當 往後 被點選
執行 設 畫布1 . 背景圖片 為 選擇清單 取得 全域 相片集
中索引值為 取得 全域 第N張 + 1
的清單項目
設置 全域 第N張 為 取得 全域 第N張 + 1
設 標籤1 . 文字 為 合併文字 " 第 "
取得 全域 第N張
" 張相片 "
如果 取得 全域 第N張 = 4
則 呼叫 對話框1 .顯示警告訊息
通知 " 這是最後一張 "

接下來以同樣的概念設定按下「往前」鈕，讓相片編號依序減 1，並且到達第一張相片時，顯示警告訊息「這是第一張」。

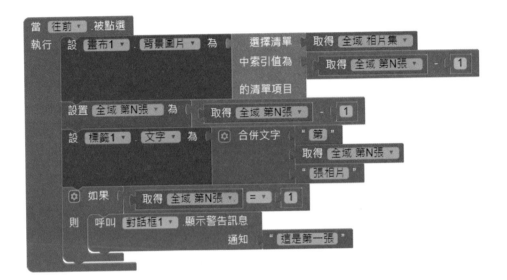

MEMO

MEMO

CHAPTER

多媒體影音應用

歷經了數學運算、變數、流程控制等與邏輯概念有關的問題後，現在要來點輕鬆有趣的主題—多媒體影音。多媒體影音的應用包含聲音、照相、影片等，舉凡錄影機、照相機、音樂播放器、錄音機、語音辨識、影片播放器…等組件，都是 App Inventor 可以應用的範圍，而且這些組件只要拖曳到工作面板上就可以驅動使用，相當方便。這個章節我們要教大家如何透過 App Inventor 來製作音樂播放器、錄音面板、音樂演奏、語音辨識…等小程式。

5-1　聲音相關組件

在組件面板中，「多媒體」類別裡與聲音有關的組件包括音樂播放器、音效、錄音機、語音辨識。這裡先來了解這些組件的功能、屬性與使用方法。

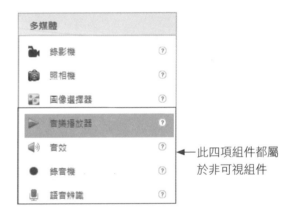

5-1-1　音樂播放器

音樂播放器用來播放較長的音樂檔案，如歌曲，其屬性設定包含如下：

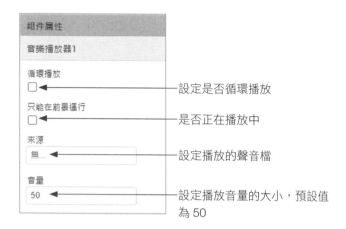

組件屬性

音樂播放器1

循環播放
☐ ←———— 設定是否循環播放

只能在前景運行
☐ ←———— 是否正在播放中

來源
無... ←———— 設定播放的聲音檔

音量
50 ←———— 設定播放音量的大小，預設值
　　　　　　　　　　為 50

　　在程式方面，此組件可控制音樂的開始、停止、暫停、震動，也可以控制聲音
播放結束時所要觸發的動作，或是音樂來源檔、音量大小、循環播放等屬性。其中的
「震動」是指讓手機產生震動，單位為毫秒（ms）。

當 音樂播放器1 .已完成
執行

當 音樂播放器1 .其他玩家開始遊戲
執行

當 音樂播放器1 .PlayerError
訊息
執行

呼叫 音樂播放器1 .暫停

呼叫 音樂播放器1 .開始

呼叫 音樂播放器1 .停止

呼叫 音樂播放器1 .震動
毫秒數

音樂播放器1 播放狀態

音樂播放器1 循環播放

設 音樂播放器1 . 循環播放 為

音樂播放器1 只能在前景運行

設 音樂播放器1 . 只能在前景運行 為

音樂播放器1 來源

設 音樂播放器1 . 來源 為

設 音樂播放器1 . 音量 為

音樂播放器1

簡單做設計

利用「播放聲音」鈕和「停止聲音」鈕控制音樂的播放與停止。

【完成檔】Exercise5_1.aia

　　請自行開新專案，由「使用者介面」類別中加入 2 個「按鈕」，再由「多媒體」類別中加入「音樂播放器」的組件。

▶ 組件命名與屬性設定

■ Screen1：水平對齊「居中」。

■ 播放聲音：背景顏色紅色、粗體、字體大小 20、寬度 50 比例、形狀圓角、文字「播放聲音」、文字顏色白色。

■ 停止聲音：背景顏色深灰色、粗體、字體大小 20、寬度 50 比例、形狀圓角、文字「停止聲音」、文字顏色白色。

■ 音樂播放器 1：勾選循環播放、音量 80。另外，由「來源」處按下「上傳文件」鈕，將「bg2.mp3」音樂上傳至專案中。

▶ 程式設計

在程式堆疊方面，要讓「播放聲音」鈕被按下時，可以呼叫音樂播放器開始播放聲音。所以請從「播放聲音」組件中拉出土黃色的模塊使觸發事件，再由「音樂播放器1」組件中拉出紫色的模塊就搞定了。

同樣地，按下「停止聲音」鈕就呼叫音樂播放器停止聲音，也只需要如下兩個模塊就可完成。

現在請測試專案，就可以輕鬆地播放和暫停音樂囉！

剛剛我們在「組件屬性」面板上設定「音樂播放器」的屬性，包括來源檔案和音量等，您也可以使用模塊來堆疊程式喔。如下所示，請先將「音樂播放器」的「來源」設為「無」，「音量」設為「0」。接著切換到「程式設計」介面，點選「音樂播放器」組件，就可以看到如圖的深綠色屬性模塊。

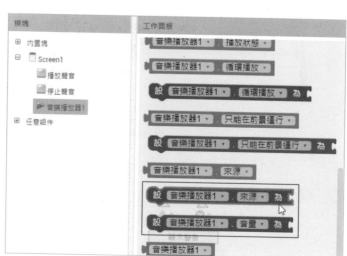

透過這些屬性模塊也可以達到設定的結果喔！堆疊的結果如下，請參閱完成檔「Exercise5_2.aia」。

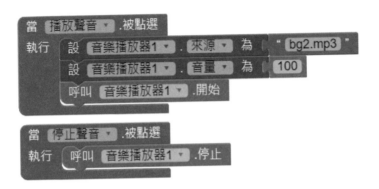

簡單做設計

自動播放背景音樂

【完成檔】Exercise5_3.aia

這個練習是當專案被開啟時就自動播放美妙的背景音樂。請自行開新專案，由「多媒體」類別中加入「音樂播放器」的組件。

● 組件屬性設定

■ Screen1：標題「自動播放背景音樂」。

■ 音樂播放器 1：音量 50，「來源」設為「bg2.mp3」。

⊙ 程式設計

由「Screen1」組件中拖曳出土黃色模塊，接著由「音樂播放器 1」拖曳出紫色模塊，堆疊成如下程式就完成囉！

透過以上兩個小練習，相信大家更清楚多媒體組件的使用技巧，期望各位可以舉一反三，將這些使用技巧應用到個人的專案上。

5-1-2 音效

音效組件只適合於播放較短音訊檔，如遊戲音效。此組件所提供的組件屬性設定只有如下兩項：

播放音效的長度，即在最小間隔內，音效無法重複播放

設定播放聲音的來源檔

在程式設定方面，音效組件可控制音效的播放、停止、暫停、震動、回復，也可以設定音效來源檔及音效最小間隔。音效組件的「播放」是指音效從頭開始播放，「回復」則是指由暫停處繼續開始播放音效。

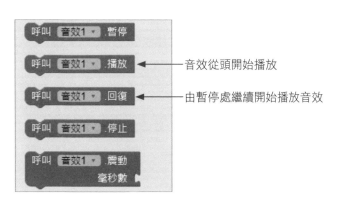

音效從頭開始播放

由暫停處繼續開始播放音效

5-1-3　錄音機

　　錄音機是用來錄製聲音檔的多媒體組件，此組件沒有屬性需要設定，程式部分可設定當錄音機開始錄製、停止錄製、或錄製完成時所要觸發的動作，也可以呼叫錄音機的方式來開始或停止錄音。

錄音機常用的事件與方法

5-1-4　語音識別

　　語音辨識是使用 Android 裝置的 Google 語音辨識功能，可接收用戶的語音輸入並轉換為文字。語音辨識組件一樣沒有屬性需要設定，程式部分可設定當語音辨識準備辨識，或辨識完成時所要執行的動作，也可以呼叫語音辨識來辨識語音。

簡單做設計

語音輸入轉換為文字

【完成檔】Exercise5_4.aia

手機畫面

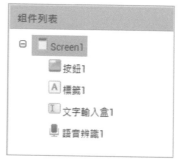

這個練習是當紅色按鈕被按下時，把用戶所說的語音辨別出來，並顯示在下方的方框中。請自行開新專案，由組件面板加入如圖的組件。

組件屬性設定

■ Screen1：背景顏色「深灰色」、水平對齊「居中」、標題「語音辨識」。

■ 按鈕 1：背景顏色紅色、粗體、字體大小 25、寬度填滿、文字「按此輸入您的語音」、文字顏色黃色。

■ 標籤 1：字體大小 20、文字「語音辨識結果」、文字顏色白色。

■ 文字輸入盒 1：字體大小 20、高度 200 像素、寬度 80 比例、「提示」欄位保留空白、文字顏色紅色。

程式設計

設定按鈕被按下時，就呼叫語音辨識器來辨識語音。當語音辨識器完成辨識後，將取得的結果設定在文字輸入框中。只要加入如下的程式模塊就可完成語音辨識。

當 按鈕1 ▾ .被點選
執行　呼叫 語音辨識1 ▾ .辨識語音

當 語音辨識1 ▾ .辨識完成
返回結果 部分
執行　設 文字輸入盒1 ▾ . 文字 ▾ 為 　取得 返回結果 ▾

5-2 照相相關組件

App Inventor 中與照相有關的組件有「照相機」和「圖像選擇器」兩個，前者為非可視組件，而後者可在螢幕上看得見。

5-2-1 照相機

「照相機」組件可以使用手機上的照相機功能來進行拍照，拍照完成後可以觸發相機執行動作，也可以透過呼叫方式來啟動照相機拍照。

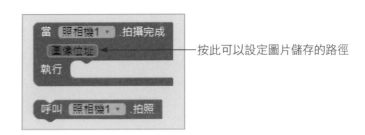

當 照相機1 ▾ .拍攝完成　　　　　　　　　　←── 按此可以設定圖片儲存的路徑
　　圖像位址
執行

呼叫 照相機1 ▾ .拍照

5-2-2 圖像選擇器

「圖像選擇器」是一個專用的按鈕，當用戶點選此組件時，它會開啟手機上的圖庫功能，讓用戶選擇其中的圖片，並將選取的圖片儲存到 SD 記憶卡中，而組件選中屬性就會設定為該圖片，此時設計者可以根據所取得的相片路徑來做後續處理動作。

「圖像選擇器」組件為可視組件，從「組件屬性」面板可設定組件的背景顏色、字體大小、高度、寬度、圖像來源、形狀、文字內容、文字對齊、文字顏色、是否顯現等內容，設定項目大致和按鈕組件相同。

在程式部分，當圖像選擇器「準備選擇」、「選擇完成」、「被壓下」或「被鬆開」等，都可以觸發事件，另外也可以「呼叫圖像選擇器」的方式來開啟選擇。

5-3　影片相關組件

「多媒體」類別中，與影片相關的組件有「錄影機」和「影片播放器」兩種，讓用戶要啟動錄影功能或播放影片都變得輕而易舉。

5-3-1　錄影機

「錄影機」組件為非可視組件，用來啟動手機中的攝影機功能來紀錄影片，當錄影完成後可觸發事件，設計者可根據創意來決定影片的後續動作，而所錄製的內容會儲存在手機中，利用「影片位址」可取得影片。

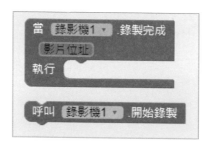

5-3-2　影片播放器

影片播放器為可視組件，可在「組件屬性」面板上設定影片播放器的高度、寬度、來源檔、音量、以及是否在螢幕中顯示組件等。用戶可以透過觸控來進行影片的播放、暫停、前進、後退，或是透過按鈕控制影片的播放、暫停、搜尋。

所使用的影片檔必須為 wmv、3gp 或 mp4 格式,而且限定視訊的檔案量不能超過 1 MB,如果檔案過大,在打包時就會出錯而無法安裝應用程式。此組件常用的事件與方法,可參閱右下圖的模塊:

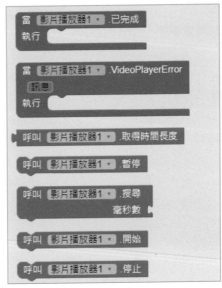

5-4 範例 - 歌曲點播器

這個範例是讓用戶可以自由選取想要聆聽的歌曲,每首歌曲之下設有「播放」、「暫停」、「停止」等按鈕,按「播放」鈕會開始播放音樂,若按下「暫停」鈕,該鈕會變更為「繼續」鈕,只要按下「繼續」鈕,音樂會從剛剛暫停的地方開始播放,而按下「停止」鈕則是停止聲音播放。手機上呈現的畫面效果如下:

【範例檔】playmusic.aia

5-4-1 組件列表與屬性設定

新增「playmusic」專案，Screen1 標題設定為「歌曲點播器」，由組件面板將標籤、水平配置、按鈕、音樂播放器等組件拖曳到工作面板中，使組件清單顯示如圖：

接下來設定各組件的屬性，屬性設定如下。

- ■ Screen1：背景顏色請自訂色彩、標題「歌曲點播器」。

- 歌曲 1：粗體、字體大小 16、文字「01.Romance of Ghost Lake」、文字顏色白色。

- 水平配置 1：水平對齊「居中」、寬度「填滿」。
  - » 按鈕 1：粗體、字體大小 20、文字「播放」。
  - » 按鈕 2：粗體、字體大小 20、文字「暫停」。
  - » 按鈕 3：粗體、字體大小 20、文字「停止」。

- 歌曲 2：粗體、字體大小 16、文字「02.Song at Work」、文字顏色白色。

- 水平配置 2：水平對齊「居中」、寬度「填滿」。
  - » 按鈕 4：粗體、字體大小 20、文字「播放」。
  - » 按鈕 5：粗體、字體大小 20、文字「暫停」。
  - » 按鈕 6：粗體、字體大小 20、文字「停止」。
  - » 音樂播放器 1：音量 50。

組件都就定位後,我們還需要將所需要的音樂上傳到專案中,請由「素材」處按下「上傳文件」鈕,將「music01.mp3」和「music02.mp3」兩個音檔匯入。

5-4-2 「播放」與「停止」鈕程式設定

在前面的「簡單做設計」單元裡,各位已學會如何透過按鈕來播放聲音和停止聲音,所以「按鈕 1」、「按鈕 3」、「按鈕 4」、「按鈕 6」等組件的設定,對各位來說應該很簡單,只要再加入來源音檔的程式模塊,就可以完成播放與停止按鈕的設定。

當 按鈕1 .被點選
執行 設 音樂播放器1 . 來源 為 " music01.mp3 "
呼叫 音樂播放器1 .開始

當 按鈕3 .被點選
執行 呼叫 音樂播放器1 .停止

當 按鈕4 .被點選
執行 設 音樂播放器1 . 來源 為 " music02.mp3 "
呼叫 音樂播放器1 .開始

當 按鈕6 .被點選
執行 呼叫 音樂播放器1 .停止

5-4-3 「暫停 / 繼續」鈕程式設定

　　「按鈕 2」和「按鈕 5」兩個組件，不是顯示「暫停」就是顯示「繼續」。如果按鈕文字顯示為「暫停」，當該按鈕被按下時，就呼叫音樂播放器暫停播放，同時讓按鈕文字變成「繼續」且文字顏色設為桃紅色，以便引起用戶的注意。如果文字不是「暫停」（也就是顯示「繼續」時），當該按鈕被按下就讓按鈕文字變成「暫停」，文字設回黑色字，並呼叫音樂播放器開始播放。

　　依上面的邏輯概念，我們將會運用到雙向判斷式「如果，則，否則」，另外還有「文字比較」，以便判斷兩邊的文字是否相同。至於顏色的選擇，由「內置塊」的「顏色」類別中有提供各種的色彩可以選用，如左下圖所示，或者按下色塊也可以從色盤中選擇顏色，如右下圖所示。

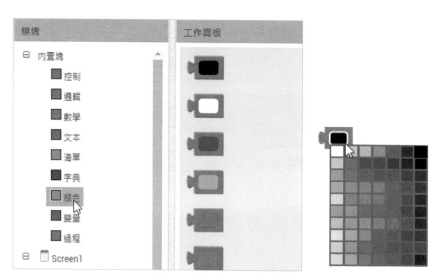

堆疊出如下的程式模塊如下：

當 按鈕2 ▼ .被點選
執行 ⚙ 如果 　文字比較 　按鈕2 ▼ . 文字 ▼ 　= ▼ 　" 暫停 "
　　則 　呼叫 音樂播放器1 ▼ .暫停
　　　　設 按鈕2 ▼ . 文字 ▼ 為 　" 繼續 "
　　　　設 按鈕2 ▼ . 文字顏色 ▼ 為
　　否則 　設 按鈕2 ▼ . 文字 ▼ 為 　" 暫停 "
　　　　設 按鈕2 ▼ . 文字顏色 ▼ 為
　　　　呼叫 音樂播放器1 ▼ .開始

當 按鈕5 ▼ .被點選
執行 ⚙ 如果 　文字比較 　按鈕5 ▼ . 文字 ▼ 　= ▼ 　" 暫停 "
　　則 　呼叫 音樂播放器1 ▼ .暫停
　　　　設 按鈕5 ▼ . 文字 ▼ 為 　" 繼續 "
　　　　設 按鈕5 ▼ . 文字顏色 ▼ 為
　　否則 　設 按鈕5 ▼ . 文字 ▼ 為 　" 暫停 "
　　　　設 按鈕5 ▼ . 文字顏色 ▼ 為
　　　　呼叫 音樂播放器1 ▼ .開始

5-5 範例 - 小小音樂家

　　在前面的範例中，各位已經熟悉如何使用「音樂播放器」組件來播放較長的樂曲，而這個範例則著重在使用「音效」組件來播放較短的音訊檔，讓用戶按下所設定的琴鍵，就可以彈奏出簡單的歌曲。此範例的特點是前置作業的聲音、圖檔需要花時間先行處理，而程式設定就非常簡單。完成的畫面效果如下：

【範例檔】musician.aia

5-5-1 前置作業

在製作此專案前，各位必須先透過樂器將 Do、Re、Mi、Fa、So、La、Si 等聲音錄製下來，然後利用音訊剪輯軟體修剪聲音，儲存成 mp3 格式備用。另外自行繪製鍵盤圖案，也可以上網搜尋琴鍵，再一一將琴鍵截圖下來，儲存成 jpg 或 png 格式備用，而簡譜則是提供用戶參考，讓不懂音樂的人也可以輕鬆彈奏出一首歌曲出來。所有前置工作所完成的內容如下：

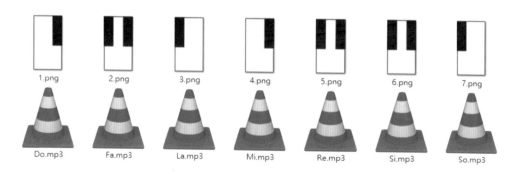

5-5-2 組件列表與屬性設定

新增「musician」專案，由組件面板將水平配置、按鈕、標籤、圖像、音效等組件拖曳到工作面板中，使畫面編排與組件列表顯示如圖：

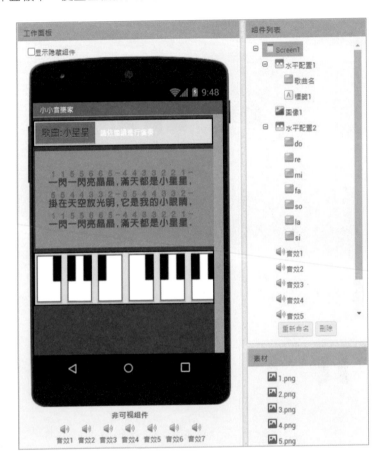

接下來請依序設定組件的屬性內容如下：

■ Screen1：背景顏色深灰色、標題「小小音樂家」。

■ 水平配置 1：垂直對齊「居中」、寬度「填滿」。

• 歌曲名：背景顏色「橙色」、粗體、字體大小 18、文字「歌曲：小星星」。

• 標籤 1：文字「請依簡譜進行演奏」、文字顏色白色。

■ 圖像 1：寬度 320 像素、圖片「start.png」。

- 水平配置 2：寬度「填滿」。

- 「do」至「si」按鈕的圖像依序設定為「1.png」至「7.png」、文字框皆保留空白。

- 「音效 1」至「音效 7」的來源檔，依序設定為「do.mp3」至「si.mp3」。如圖示：

5-5-3　琴鍵程式設定

範例中共有七個琴鍵按鈕，要讓「do」鈕被點選時就呼叫音效 1 進行播放。依此邏輯在「程式設計」面板中加入如下的程式模塊就完成囉！

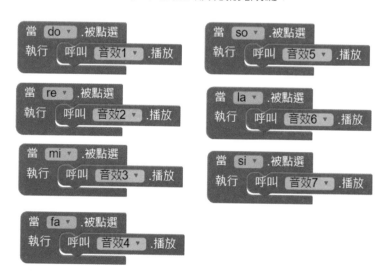

5-6　範例 - 錄放影面板

這個範例是介紹「錄影機」和「影片播放器」兩個組件的使用，讓用戶透過「開始錄影」鈕啟動手機裝置上的錄影機功能錄製影像，而按下「播放影片」鈕則啟動影片播放器功能播放剛剛錄製的影片。所完成的畫面效果如下，左圖是按下「播放影片」鈕後在下方顯示錄製的影片，而點選手機下方還會出現滑動鈕來控制影片播放的位置。

【範例檔】videorecord.aia

手機上顯示的結果

畫面編排

5-6-1　組件列表與屬性設定

新增「videorecord」專案，由組件面板將水平配置、按鈕、錄影機、影片播放器等組件拖曳到工作面板中，使組件列表顯示如圖：

各組件的屬性內容設定如下：

■ Screen1：背景顏色黑色。

■ 水平配置 1：背景顏色橙色、寬度填滿。

■ 錄影：字體大小 20、圖像「button.png」、文字「開始錄影」。

■ 播放：字體大小 20、圖像「button.png」、文字「播放影片」。

■ 影片播放器 1：高度填滿、寬度填滿。

■ 錄影機 1：無設定。

5-6-2　定義程序

在開發程式時，經常會將一些具有特殊功能或經常使用到的程式撰寫成獨立的單元，這些獨立單元一般稱為「程序」，當程式需要這些「程序」時，可直接呼叫程序名稱來執行該程序的程式模塊。各位可在「內置塊」的「過程」類別中看到如下兩種程序模塊：

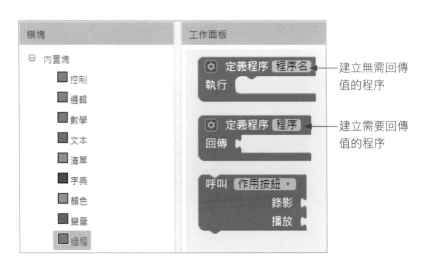

要建立無傳回值的程序時，「程序名」可自行自訂程序名稱，下方凹槽則是加入程序模塊，如果需要加入參數，請按下 ⚙ 鈕加入輸入項，如下所示：

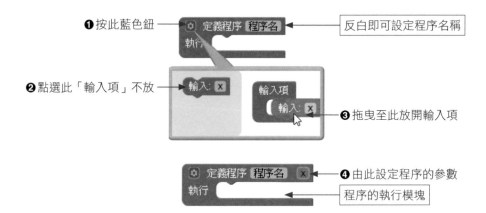

❶ 按此藍色鈕 ┄┄ 定義程序 程序名 ┄┄ 反白即可設定程序名稱
執行

❷ 點選此「輸入項」不放 ┄┄ 輸入: X   輸入項 輸入: X ┄┄ ❸ 拖曳至此放開輸入項

定義程序 程序名 X ←━ ❹ 由此設定程序的參數
執行 ┄┄ 程序的執行模塊

　　程序中可以沒有參數，也可以加入多個參數，若要刪除參數，只需將參數從輸入項中拖離即可。如果要程序回傳變數的值，只要將滑鼠移到參數名稱上，就會看到「取得」和「設置」模塊，拖曳該模塊即可使用該參數。如下圖所示：

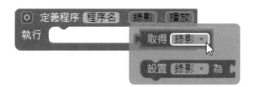

　　在此範例中，我們要來建立一個名叫「作用按鈕」的程序，同時加入兩個參數，一個是「錄影」，另一個是「播放」，功能是讓按鈕可以作用。這個程序是設定「錄影」鈕被啟用的同時要傳回錄影的值，「播放」鈕被啟用的同時則傳回播放的值。依此概念，請堆疊出如下的程式模塊：

5-6-3　螢幕初始化

　　由於這個 App 設計的目的就只要錄影與播放兩項功能，當螢幕一開始時，我們就要呼叫「作用按鈕」這個程序，讓錄影回傳「真」值，播放回傳「假」值因為沒有先錄製影像，就沒有影像可以播放。

請依如下步驟，堆疊出如下的程式模塊：

■ 由「Screen1」拖曳出「初始化」的土黃色模塊。

■ 由「內置塊／過程」中找到「呼叫作用按鈕」的紫色模塊。

■ 由「內置塊／邏輯」中找到「真」和「假」的淺綠色模塊。

5-6-4 錄影功能設定

當「錄影」按鈕被用戶點選時，就呼叫攝影機開始錄製影像，所以請堆疊出如下兩個模塊：

當攝影機錄製完成時就呼叫「作用按鈕」的程序，讓「錄影」和「播放」兩個鈕都為「真」，因為用戶拍得不好可以選擇重新錄影，或是錄影後直接選擇播放錄製內容。另外，設定影片播放器的來源檔案就是用戶所錄製的影片檔路徑。

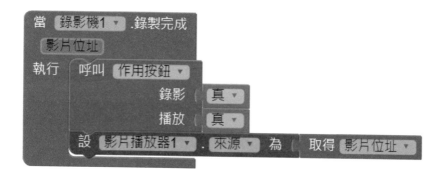

5-6-5　播放功能設定

當「播放」按鈕被點選時，呼叫影片播放器開始播放影片。所以堆疊出來的程式模塊為：

完成如上的程式設定後，請使用手機連線測試，就可以進行錄影和播放影片囉！

5-7　範例 - 色彩調配器

這個範例是讓用戶可以選擇紅、黑、灰、白、藍、綠等背景顏色，而前面的文字色彩則是透過滑桿來自行控制，讓用戶可以在手機螢幕上觀看文字與背景的對比效果。範例中將運用到「程序」的定義與呼叫，配合滑桿來合成顏色，讓色彩的運用更多元化。

【範例檔】colormatching.aia

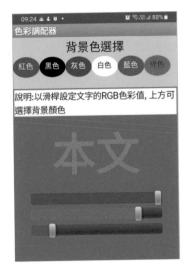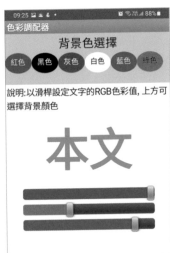

5-7-1 組件清單與屬性設定

新增「colormatching」專案，由組件面板將垂直配置、水平配置、標籤、按鈕、滑桿等組件拖曳到工作面板中，使畫面編排與組件列表顯示如圖：

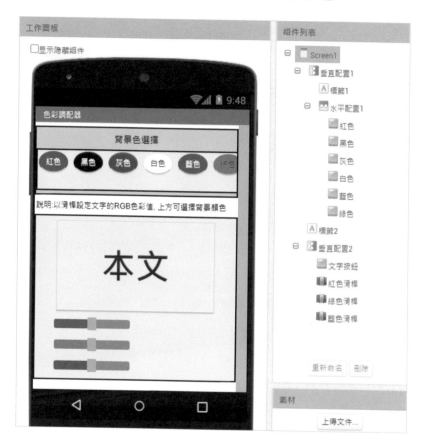

各組件命名與屬性設定說明如下：

- Screen1：水平對齊「居中」、標題「色彩調配器」。

- 垂直配置1：背景顏色「淺灰」、寬度「填滿」。

- 標籤1：字體大小「16」、寬度「填滿」、文字「背景色選擇」、文字對齊「居中」。

- 水平配置1：高度「60像素」、寬度「自動」。

- 紅色：背景顏色「紅色」、形狀「橢圓」、文字「紅色」、文字顏色「白色」、字體大小「10」。

- 黑色：背景顏色「黑色」、形狀「橢圓」、文字「黑色」、文字顏色「白色」、字體大小「10」。

- 灰色：背景顏色「深灰」、形狀「橢圓」、文字「灰色」、文字顏色「白色」、字體大小「10」。

- 白色：背景顏色「白色」、形狀「橢圓」、文字「白色」、文字顏色「默認」、字體大小「10」。

- 藍色：背景顏色「藍色」、形狀「橢圓」、文字「藍色」、文字顏色「白色」、字體大小「10」。

- 綠色：背景顏色「綠色」、形狀「橢圓」、文字「綠色」、文字顏色「默認」、字體大小「10」。

- 標籤 2：背景顏色「默認」、寬度「填滿」、文字「說明：以滑桿設定文字的 RGB 色彩值，上方可選擇背景顏色」。

- 垂直配置 2：水平對齊「居中」、寬度「填滿」。

- 文字按鈕：背景顏色「透明」、勾選「粗體」、字體大小「60」、高度「140 像素」、寬度「250 像素」、文字「本文」、文字顏色「默認」。

- 紅色滑桿：左側顏色「紅色」、右側顏色「默認」、寬度「80 比例」、最大值「255」、最小值「0」。

- 綠色滑桿：左側顏色「綠色」、右側顏色「默認」、寬度「80 比例」、最大值「255」、最小值「0」。

- 藍色滑桿：左側顏色「藍色」、右側顏色「默認」、寬度「80 比例」、最大值「255」、最小值「0」。

　　這裡要特別說明的是，任何一個顏色都是由紅、綠、藍三原色，依據不同的比例所搭配組合而成，紅、綠、藍三色的值各為 0-255，所以屬性部分會設定滑桿的最大值為「255」，最小值為「0」。

5-7-2 設定背景色的選取

在範例中我們設定了紅、黑、灰、白、藍、綠等六個不同的色彩讓用戶選擇，如果你想提供更多的顏色，那麼選用「水平捲動配置」的介面配置就可搞定。在程式設定部分，只要任一按鈕被點選，就將螢幕的背景顏色設為點選的顏色。依此邏輯，所堆疊出來的程式模塊如下，堆疊程式模塊後，就可以輕鬆變更背景色彩了。

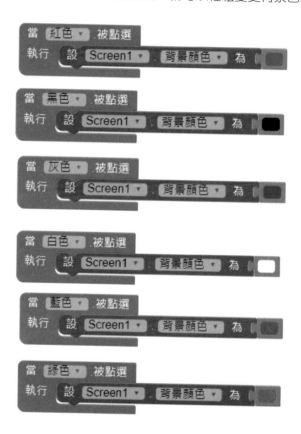

5-7-3 以紅／綠／藍滑桿進行選色

在文字部分，我們要透過滑桿來調配色彩，由於文字顏色會一直變動，所以先建立一個叫「選色」的程序，這個程序是用來設定「文字按鈕」的文字顏色，而文字顏

色是依據紅色滑桿、綠色滑桿、藍色滑桿指針的位置所合成的顏色。依此概念,請堆疊出如下的程式模塊:

此程式模塊可由「內置塊/顏色」取得

當紅色/綠色/藍色滑桿的位置有變動時,就呼叫「選色」程序進行選色。依此概念,分別由各滑桿和「內置塊/過程」中拖曳出如圖的程式模塊,就可以進行顏色的調配囉!

CHAPTER

繪圖動畫應用

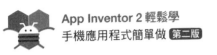
在 App Inventor 中，組件面板的「繪圖動畫」是專為動畫和遊戲所設計的組件，此類別包括球形精靈、畫布、圖像精靈三種組件，本章主要針對這三種組件的應用做說明。

繪圖動畫	
🔴 球形精靈	⑦
📘 畫布	⑦
🖼 圖像精靈	⑦

6-1 畫布組件

「畫布」本身是一個可以觸控的平面區域，就像一張空白畫布一樣，可以在上面繪製點、線、圖形，也可以放置圖片，像是在 4-8 的範例 -「相片瀏覽器」裡，我們就是使用「畫布」組件來放置相片。

當各位將「畫布」組件加入到工作面板後，所提供的屬性設定包括了背景顏色、背景圖片、字體大小、高度、寬度、線寬、畫筆顏色、文字對齊等。大多數的屬性各位都相當熟悉，較特別的是「線寬」和「筆畫顏色」，「線寬」是指設定畫筆的粗細，「畫筆顏色」則是畫筆畫出來的色彩。

畫布上的任何一點都可以使用座標（x,y）來表示，畫布的左上角座標為（0,0），往右為正，往下為正，也就是說 x 值表示該點距離畫布左邊界的像素數，y 表示該點距離畫布上邊界的像素數。

在程式設定方面，畫布組件所提供的常用事件主要有如下幾種，包括當畫布被拖曳、被滑過、被壓下、被鬆開、被碰觸等，所要執行的動作指令。

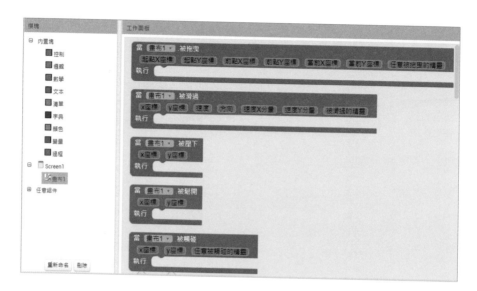

另外，呼叫畫布進行清除、畫圓、畫線、畫點、繪製文字、儲存、另存檔案…等
方法，都可以在程式面板中進行程式的堆疊。

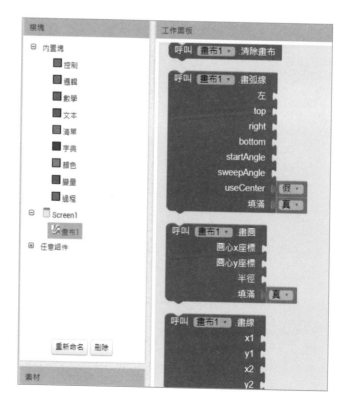

6-2 球形精靈

「球形精靈」在使用時必須與畫布組件相配合才可使用，它的外觀主要透過顏色和半徑來改變。此組件透過「觸摸」或「拖曳」方式可以和使用者進行互動，也可以與畫布的邊緣產生互動，讓球形精靈達到畫布邊界就自動反彈。

當各位將「球形精靈」組件拖曳到畫布中，組件屬性所提供的設定內容如下：

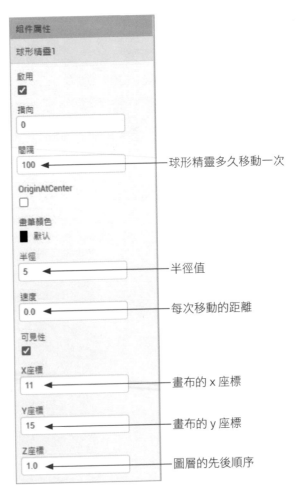

在程式設定方面，球形精靈組件所提供的常用事件主要有如下幾種，包括當球形精靈到達邊界時、被滑過、被壓下、被鬆開、被碰觸、結束碰撞等，所要執行的動作指令。

另外，呼叫球形精靈反彈、移動到邊界、移動到指定位置、轉到指定方向、轉到對準指定對象等方法，都可以在程式面板中進行處理。

6-3 圖像精靈

「圖像精靈」也是必須與畫布組件相配合才可以使用，此組件是透過圖片屬性來改變外觀，也就是說設定圖片屬性為某張圖片時，它就會顯示該張圖片，除非是將它的可視狀態取消才不會顯示出來。

想讓圖片精靈移動，可在「指向」的屬性做設定，預設值向右是 0 度，向上 90 度，向左 180 度，向下為 270 度。「間隔」是設定精靈多久移動一次，而「旋轉」可讓精靈依照移動的方向旋轉，精靈所有屬性也可以直接使用程式模塊來控制。

在程式設定方面，「圖像精靈」所提供的常用事件主要有如下幾種，包括當圖像精靈碰撞、被拖曳、到達邊界、結束碰撞、被壓下、被鬆開、被觸碰等，所要執行的動作指令。另外，呼叫「圖像精靈」反彈、移動到邊界、移動至指定位置、轉道指定方向、轉到對準指定對象等方法，都可以在程式面板中進行程式的堆疊。

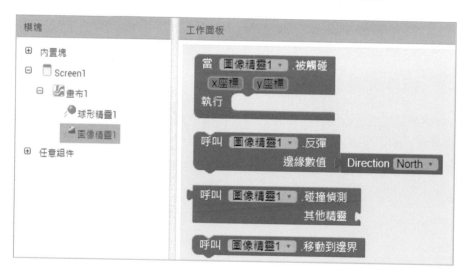

6-4 範例 - 滾球大小控制

　　這個範例是學習如何使用滑桿組件來控制球形精靈的大小，此外，以手指滑動滾球可控制滾球的方向，而球形精靈移動到達邊界時還會自動反彈。手機上使用滑桿控制的機會相當高，像是球體大小、圖片縮放、顏色改變…等都可以用到，且滑桿用法十分簡單，只要設定屬性就能達到很好的效果。完成的手機畫面效果如下：

【範例檔】rollingball.aia

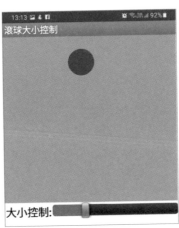

6-4-1　組件列表與屬性設定

　　這個範例主要介紹「畫布」組件、「球形精靈」組件，以及「滑桿」組件的使用技巧。請新增「rollingball」專案後，由組件面板將畫布、球形精靈、水平配置、標籤、滑桿等組件拖曳到工作面板中，使畫面編排與組件列表顯示如圖：

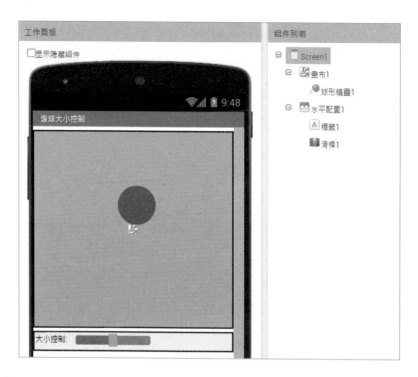

各組件的屬性內容設定如下：

■ Screen1：標題「滾球大小控制」。

■ 畫布 1：背景顏色「粉色」、高度 300 像素、寬度「填滿」。

■ 球形精靈 1：畫筆顏色「紅色」、半徑「30」、速度「10」。x 座標與 y 座標可以不用設定，如果想要預設滾球出現在位置，直接拖曳「工作面板」上的滾球，屬性面板上的座標位置就會自動變更。

■ 水平配置 1：寬度「填滿」。

■ 標籤 1：文字「大小控制：」

■ 滑桿 1：寬度「填滿」、最大值「100」、最小值「1」、啟用指針、指針位置「50」。（如果想要設定左右的色彩可自行由「組件屬性」進行設定。）

6-4-2 設定滑桿位置的改變

當畫面編排與組件屬性都設定完成後，接著就要進入程式的設定，首先設定的是滑桿位置的改變。滑桿的觸發事件只要一個，點選「滑桿」組件就可以將如下的土黃色模塊加入至工作面板上。

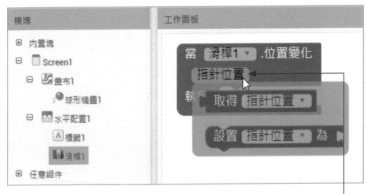

按此鈕取得指針位置的參數

此事件是讓使用者拖曳滑桿時可以傳回指針的參數。由於前面的屬性設定中，我們將球形精靈的半徑設為「30」，而滑桿的指針位置在「50」。所以滑桿位置指在「50」時，球形精靈的半徑值是「30」。當指針位置往右移動時，球形精靈的半徑值就跟著加大，指針往左移動時，球形精靈的半徑值就跟著變小。

加入此程式模塊後，各位拖曳手機上的滑桿就可以看到球體的大小變化了。

6-4-3 球形精靈到達邊界進行反彈

在縮小球形精靈的尺寸時，各位可以看到球體到達右邊界時就會自動停在邊界處，現在我們要利用程式來控制，讓球體到達邊界時可以進行反彈的動作。請點選「球形精靈1」組件，拖曳出如圖的土黃色模塊和紫色模塊。設定完成時，球形精靈就會左右來回移動。

6-4-4 滑過球形精靈指定方向

遊戲中經常會使用手滑的動作來控制物體的方向，球體精靈也有提供這樣的功能，請從「球體精靈1」組件中拖曳出土黃色和綠色的模塊，完成如下的模塊，就可以用手來控制球的移動方向。

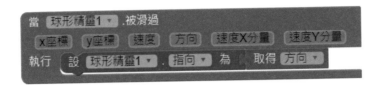

6-5　範例 - 點線塗鴉

　　這個範例是讓用戶透過紅、藍、綠三種顏色的畫筆來進行點或線條的塗鴉，也可以自行控制畫筆的粗細，讓用戶能夠盡情地在畫布上隨意地塗鴉抒發心情，不滿意就按下「清除」鈕清除畫作。完成的畫面效果如下：

【範例檔】drawing.aia

手機呈現畫面

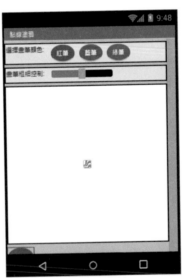

畫面編排

6-5-1 組件列表與屬性設定

新增「drawing」專案，依序在工作面板上加入水平配置、標籤、按鈕、滑桿、畫布等組件，使組件列表顯示如圖：

各組件的屬性內容設定如下：

■ Screen1：背景顏色「淺灰」、標題「點線塗鴉」。

■ 水平配置 1：寬度「填滿」。

■ 標籤 1：文字「選擇畫筆顏色：」、字體大小 12。

■ 紅筆：背景顏色「紅色」、形狀「橢圓」、文字「紅筆」、文字顏色「白色」、字體大小 12。

■ 藍筆：背景顏色「藍色」、形狀「橢圓」、文字「藍筆」、文字顏色「白色」、字體大小 12。

■ 綠筆：背景顏色「自訂綠色」、形狀「橢圓」、文字「綠筆」、文字顏色「白色」、字體大小 12。

■ 水平配置 2：寬度「填滿」。

- 標籤 2：文字「畫筆粗細控制：」、字體大小 12。
- 滑桿 1：左側顏色「品紅」、右側顏色「黑色」、寬度「填滿」、最大值「30」、最小值「1」、指針位置「5」。
- 畫布 1：高度 300 像素、寬度「填滿」、線寬「2」、畫筆顏色「默認」。
- 清除：背景顏色「紅色」、形狀「橢圓」、文字「清除」、文字顏色「白色」、字體大小 16。

6-5-2　設定畫布清除

版面編排和屬性設定都完成後，接著進入「程式設計」介面進行程式的堆疊。這裡先來進行「清除」鈕的設定，讓畫布被塗鴉後，按下「清除」鈕可以立即清除所有的圓點和線條，就不需要關閉畫面再重新連線至手機。

請分別點選「清除」和「畫布 1」兩個組件，使加入如圖的兩個程式模塊。

6-5-3　設定畫布被碰觸時畫圓

要讓用戶以手指尖「碰觸」到畫布的區域範圍時，能夠呼叫「畫布」畫出圓形。由於畫圓必須要提供半徑值，且要指定圓心的座標，所以只要提供半徑值給程式，同時取得手指碰觸畫布的座標值，就可以輕鬆搞定。請先從「畫布」組件中找到如圖的兩個程式模塊並堆疊起來：

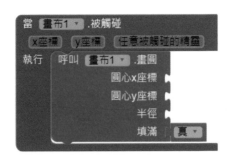

接著分別按下「x 座標」和「y 座標」鈕，取得 x 座標和 y 座標，在輸入半徑的數值，就可以在畫布中畫出黑色的圓點了。

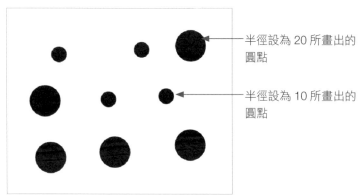

所設定的半徑值越大，按下畫布所顯示的圓點就越大。另外，畫布的「筆畫顏色」設為預設值黑色，所以畫出的圓點就為黑色，若要改變色彩請從「組件屬性」做修正。

半徑設為 20 所畫出的圓點

半徑設為 10 所畫出的圓點

6-5-4 設定畫布被拖曳時畫出線條

用戶在畫布上拖曳時會觸發「被拖曳」的事件，此時會接收一系列的參數，這些參數包括如下：

第一個碰觸的座標位置　　　上次的碰觸點　　　目前的碰觸點

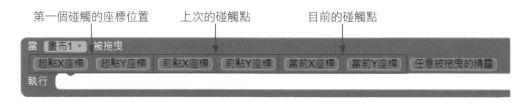

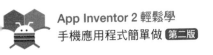
當畫布被拖曳時，就呼叫「畫布」來畫線，只要知道上次的碰觸點和目前的碰觸點，就可以畫出任意線條。依此邏輯，請堆疊出如下的程式模塊：

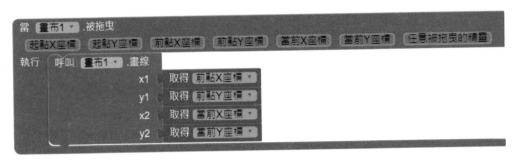

接著在手機上任意畫線，就可以輕鬆畫出如下的黑色細線了。

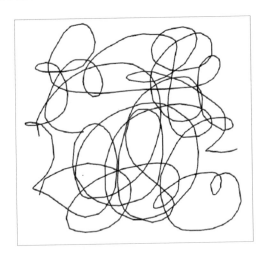

6-5-5 設定紅／藍／綠色筆

單單只能畫出黑色似乎太過單調，現在加入各種顏色，讓塗鴉色彩變豐富些。設定的目標是當「紅筆」被點選時，將「畫布 1」的畫筆顏色設定為「紅色」，請依序在「紅筆」、「畫布 1」組件中找到土黃色和深綠色模塊，再由「內置塊／顏色」拉出色塊就可搞定。如果沒有喜歡的顏色，點選色塊也可以由色盤選取顏色，如此就能完成紅筆、藍筆、綠筆的設定。

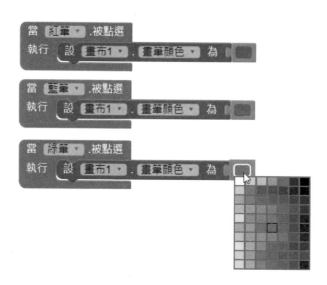

6-5-6 畫筆粗細控制

畫筆的粗細是由滑桿所控制,所以當滑桿位置改變時,就設定畫布的線寬為指針位置。所以由「滑桿 1」和「畫布 1」組件處拖曳出如圖的模塊就可完成。

6-6 範例 - 為自拍相片塗鴉

前面的範例中我們在畫布上塗鴉,這個範例則是要在自拍的相片上塗鴉。也就是說,按下拍照按鈕後會啟動照相機功能進行拍照,然後將拍攝的畫面顯示在畫布上,用戶可以利用下方的紅色、橙色、洋紅等色彩在相片上塗塗畫畫,不滿意則直接搖晃手機進行筆畫的清除。

　　由於兩個範例都有使用到畫布與畫筆顏色的功能，所以各位不妨在版面編排完成後，試著自行堆疊程式模塊，如有不瞭解的地方再參考範例程式的說明。完成的手機畫面如下：

【範例檔】photopainting.aia

【來源檔案】camera.png、flower.jpg

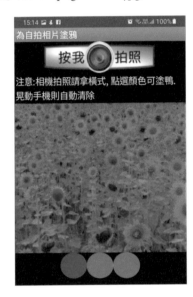

6-6-1　組件列表與屬性設定

　　新增「photopainting」專案，在工作面板上加入按鈕、標籤、畫布、水平配置、照相機等組件，另外再由「感測器」類別中加入「加速度感測器」組件，使組件列表顯示如下：

各組件的命名與屬性說明如下：

- Screen1：水平對齊「居中」、背景顏色「黑色」、標題「為自拍相片塗鴉」。

- 拍照：圖像「camera.png」、文字框保留空白。

- 說明：文字「注意：相機拍照請拿橫式，點選顏色可塗鴉，晃動手機則自動清除」、文字顏色「白色」。

- 畫布1：背景圖片「flower.jpg」、高度「270 像素」、寬度「360 像素」、線寬「5」。

- 水平配置1：水平對齊「居中」、背景顏色「透明」、寬度「自動」。

- 紅色：背景顏色「紅色」、寬度「50 像素」、形狀「橢圓」、文字框保留空白。

- 橙色：背景顏色「橙色」、寬度「50 像素」、形狀「橢圓」、文字框保留空白。

- 洋紅：背景顏色「品紅」、寬度「50 像素」、形狀「橢圓」、文字框保留空白。

- 加速度感測器1：採預設的屬性值。

- 照相機：無屬性。

6-6-2 設定畫布被拖曳時畫出線條

當畫布被拖曳時，就呼叫「畫布」來畫線。同上一個範例，只要設定前點的 x 座標 y 座標和當前的 x 座標 y 座標，就可以畫出任意線條。另外加入畫布的屬性，讓畫布的寬度為 360 像素，高度為 270 像素。依此邏輯，請堆疊出如下的程式模塊：

```
當 畫布1▼ 被拖曳
  起點X座標  起點Y座標  前點X座標  前點Y座標  當前X座標  當前Y座標  任意被拖曳的精靈
執行  設 畫布1▼ . 寬度▼ 為  360
     設 畫布1▼ . 高度▼ 為  270
     呼叫 畫布1▼ .畫線
                  x1  取得 前點X座標▼
                  y1  取得 前點Y座標▼
                  x2  取得 當前X座標▼
                  y2  取得 當前Y座標▼
```

6-6-3 設定相機進行拍照

要讓用戶按下「拍照」鈕就呼叫照相機來進行拍照，如果相機完成拍攝時，就將畫布的背景圖案設定為圖像的位址。因此概念所堆疊出來的程式模塊如下：

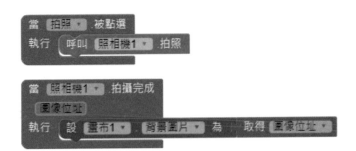

6-6-4　設定畫筆顏色

設定當紅色按鈕被按下，就將畫布的畫筆設為紅色，當橙色按鈕被按下，就將畫布的畫筆設為橙色，而按下洋紅色按鈕，就將畫筆顏色設為洋紅。

6-6-5　以搖晃手機清除畫布

對於畫布塗鴉的清除，這裡是使用「加速度感測器」的功能，讓感測器偵測到手機被晃動時，就呼叫畫布進行畫布清除的動作。依此邏輯完成如下的程式堆疊就可搞定。

6-7　範例 - 以連續圖做動畫

這個範例是介紹如何將多張連續圖片顯現成動畫效果。這裡所應用的組件包括畫布、圖像精靈，以及「感應器」類別中的「計時器」組件，使用的圖片與手機所呈現的效果如下：

【範例檔】animation.aia

【來源檔案】F01.jpg 至 F07.jpg

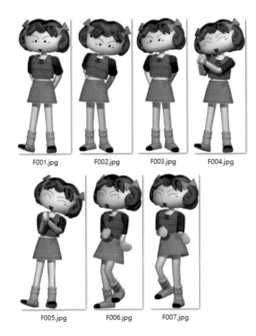

F001.jpg　　F002.jpg　　F003.jpg　　F004.jpg

F005.jpg　　F006.jpg　　F007.jpg

手機顯示效果

6-7-1　組件列表與屬性設定

新增「animation」專案，在工作面板上加入畫布、圖像精靈、計時器等組件，使組件列表顯示如下，並將 F01.jpg 至 F07.jpg 的圖檔上傳至專案中待用。

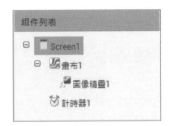

各組件的屬性內容設定如下：

■　Screen1：標題「以連續圖做動畫」。

■　畫布 1：高度填滿、寬度填滿。

■　圖像精靈 1：圖片「F001.jpg」、速度「0.0」、x 座標「50」、y 座標「50」。（xy 座標用來調整圖片在畫面上的位置）

■　計時器：計時間隔設為「500」。（數值設的越小，動畫顯示的速度就越快）

6-7-2　程式設定

在這個範例中，畫面中的相片是不斷地更換，所以我們要先宣告一個全域變數「frame」，同時設定變數的初始值為數值「0」。

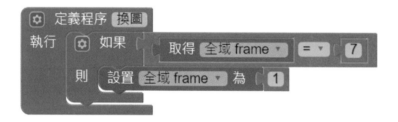

因為變換的圖片只有 7 張，所以還需要定義一個「換圖」的程序，如果圖片已更換到第 7 張，就將圖片設置為「1」。依此概念，請堆疊出如下的程式模塊：

到底多久的時間需要做換圖的動作，這裡我們是透過計時器來控制，計時器是非可視的組件，目的在於計時，可在設定的時間間隔觸發事件。在「組件屬性」中，我們設定計時間隔為「500」，當計時器開始計時，就設置「全域 frame」為其變數值 +1。由於圖片的編號是「F001.jpg」到「F007.jpg」，而圖片精靈中的「圖片」，就採用「F00」+ 變數值 +「.jpg」等文字的合併，這如此一來，圖像精靈中的圖像就可以一直變換到下一張。

另外還要呼叫「換圖」的程序，以便換圖到達第 7 張時，可以換圖到第 1 張。依此概念堆疊出如下的程式模塊，就完成此範例的設計囉！若要調整換圖的速度，請由組件屬性的「計時間隔」進行修改。

6-8 範例 - 貓捉老鼠遊戲

這個範例是貓捉老鼠，讓用戶利用手指尖拖曳螢幕上的貓來移動位置，只要貓有碰觸到老鼠就可以得到一分，分數可以不斷增加，若按下「重設」鈕就讓分數歸零。畫面效果如下：

【範例檔】cat_mouse.aia

【來源檔案】cat.png、mouse.png

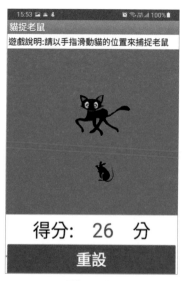

手機呈現效果

畫面編排

6-8-1 組件列表與屬性設定

新增「cat_mouse」專案，工作面板上加入標籤、畫布、圖像精靈、水平配置、按鈕等組件，使組件列表顯示如下，並將 cat.png 與 mouse.png 圖檔上傳至專案中待用。

各組件的名稱與屬性設定如下：

■ Screen1：標題「貓捉老鼠」。

■ 說明：文字「遊戲說明：請以手指滑動貓的位置來捕捉老鼠」、字體大小 11。

■ 畫布 1：背景顏色「綠色」、高度 300 像素、寬度填滿。

■ 鼠：圖片「mouse.png」。

■ 貓：圖片「cat.png」。

■ 水平配置 1：水平對齊「居中」、寬度「填滿」。

■ 標籤 2：字體大小「24」、文字「得分：」。

■ 分數：字體大小「24」、寬度「100 像素」、文字「0」、文字對齊「居中」、文字顏色「紅色」。

■ 標籤 4：字體大小「24」、文字「分」。

■ 重設：背景顏色「紅色」、勾選「粗體」、字體大小「20」、高度「60 像素」、寬度填滿、文字「重設」、文字顏色「白色」。

6-8-2　定義與執行「老鼠移動」程序

在這個範例中，首先定義一個「老鼠移動」的程序，這個程序是呼叫「老鼠」移到指定的座標位置，而這個位置是隨機出現的整數座標。雖然我們有在組件屬性上指定了畫布的寬度與高度，但是座標數值還必須扣掉老鼠的寬度和高度，如此一來老鼠才不會出現在畫布以外的座標區域而看不到。依此概念，請在程式設計介面中堆疊出如下的程式模塊：

「老鼠移動」程序設定好之後，讓手機螢幕一開始就呼叫「老鼠移動」的程序。

6-8-3　設定「貓」組件的移動與碰撞

範例中的老鼠位置是由程式自動產生的座標位置，而貓的移動是由用戶手指控制。所以當「貓」組件被拖曳時，就設定貓的 x 座標為當前的 x 座標，而貓的 y 座標為當前的 y 座標。

　　如果貓碰到「鼠」這隻精靈時，就讓命名為「分數」的標籤文字「+1」，同時呼叫「老鼠移動」的程序，使老鼠移到指定的位置。依此概念所堆疊出來的程式模塊如下，如此一來就可以進行貓捉老鼠的遊戲了！

6-8-4　設定「重設」鈕

　　要讓遊戲可以重頭開始，只要設定「重設」鈕被按下時，讓「分數」標籤中的文字變為數字「0」就可以搞定。程式堆疊如下：

MEMO

CHAPTER

網路資源整合運用

現今的世代，很多人都離不開手機和網路，只要一機在手，連上網路就可以神遊各地，日子變得精采有趣。這個章節我們將重點放在網際網路方面的相關組件說明，包括網路瀏覽器、Activity 啟動器、位置感應器等介紹，讓各位也可以將網路資源整合應用到 App 專案的設計之中。

7-1　網路瀏覽器

「網路瀏覽器」位在組件面板的「使用者介面」類別中，主要目的是讓用戶不用跳出 App 的情況下，就可以進行網頁的瀏覽。

網路瀏覽器組件

在外觀編排上，此組件可以將指定的網頁內容顯示在組件中，也可以回應用戶的點選來跳轉至新頁面。它就像是個小型瀏覽器一樣，除了能顯示網頁的圖片、文字、動畫等內容外，也可以接受網址的輸入，並在組件的範圍內顯示連結的網址內容。這些應用技巧，我們會在後面的範例中做說明。

選用「網路瀏覽器」組件後，組件屬性面板和程式模塊都有提供相關的屬性設定項目，像是「首頁地址」是設定網站的網址，「允許連線跳轉」則是設定是否可使用前進／後退的瀏覽器瀏覽記錄，這些設定都可以直接在「組件屬性」面板上進行設定。但是要想設定網頁當前的標題、當前連結的網址等屬性，則必須透過程式模塊來堆疊。

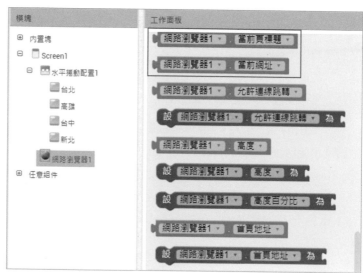

程式模塊所提供的屬性設定項

在程式方面,「網路瀏覽器」常用的方法包括回首頁、開啟網址、回到上一頁、進入下一頁、清除位置訊息…等,請依照專案的需求來選擇適合的方法。

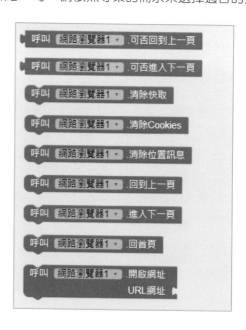

7-2　Activity 啟動器

手機上想要定位地標，或是進行導航路線的設定，都離不開 Google Map 的功能，然而在使用 Google Map 功能前，我們不用將全世界的地圖都下載到手機中才可進行搜尋，而是透過一個萬能組件向 Google 提出查詢需求，再由 Google 將查詢結果顯示在介面上，這個萬能組件就是「Activity 啟動器」。

「Activity 啟動器」組件算是啟動多種資源服務的進階組件，透過 Activity 啟動器的設定，便可以將別人所寫的應用程式運用到自己的 App Inventor 之中。它可以啟動由 App Inventor 建立的其他應用程式，也可以啟動照相機、啟動網路瀏覽器、執行網路搜尋、播放 YouTube 影片、電子郵件服務，或是以指定座標位置開啟 Google 地圖等。由於 Activity 啟動器組件可以調用其他應用程式的功能，讓設計者能盡情地發揮創意，設計充滿無限可能。

7-2-1　使用 Activity 啟動器

想要在 App Inventor 中使用「Activity 啟動器」組件，請切換到組件面板的「通訊」類別，即可看到 Activity 啟動器。由於是非可視組件，所以版面編排上看不到，只能從「組件列表」中點選組件，再由「組件屬性」面板進行各項屬性的設定。

7-2-2 Activity 屬性說明

選用 Activity 啟動器後,可以設定的屬性項目有如下幾種,屬性設定用來決定目前宣告的 Activity 啟動器要呼叫哪一種的擴充功能,所以它的設定方式與其他組件的設定大不相同。這些屬性設定除了由「組件屬性」面板做設定外,一樣可以透過程式模塊來堆疊喔!

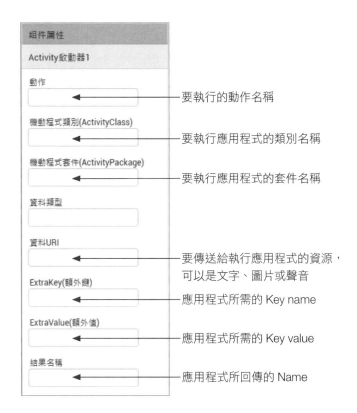

組件屬性	
Activity啟動器1	
動作	← 要執行的動作名稱
機動程式類別(ActivityClass)	← 要執行應用程式的類別名稱
機動程式套件(ActivityPackage)	← 要執行應用程式的套件名稱
資料類型	
資料URI	← 要傳送給執行應用程式的資源,可以是文字、圖片或聲音
ExtraKey(額外鍵)	← 應用程式所需的 Key name
ExtraValue(額外值)	← 應用程式所需的 Key value
結果名稱	← 應用程式所回傳的 Name

7-2-3 以 Activity 啟動器開啟網頁瀏覽器

想要讓 App 專案被啟動時,就自動載入指定的網頁,利用 Activity 啟動器就可以輕鬆辦到。這裡以「油漆式速記多國語言網站雲端學習系統」做示範,要讓用戶啟動 App 專案時,可以直接試用該網站上的各種版本,只要在螢幕上加入「Activity 啟動器」組件後,由「組件屬性」面板設定如下兩個屬性即可。

◼ Action：android.intent.action.VIEW

◼ 資料 URI：http://pmm.zct.com.tw/trial/（試用網站網址）

在程式部分，只要設定螢幕初始化時，呼叫 Activity 啟動器啟動 Activity 就可以搞定。

各位可以開啟範例檔「Exercise7_1.aia」來瞧瞧，連線後手機就會自動讓用戶試用各種版本。

7-2-4　設定電子郵件超連結

　　剛剛我們以 android.intent.action.VIEW 來設定瀏覽器,並以「資料 URI」來指定連結的網址。若是將「資料 URI」指定為 mailto,就可以啟動 E-mail 來撰寫郵件。設定的屬性內容如下:

■ Action:android.intent.action.VIEW

■ 資料 URI:mailto:yxc7783@gmail.com

　　另外,可用 subject 來設定主旨,例如:

　　mailto:yxc7783@zct.com.tw?subject= 讀者意見

7-2-5　設定 YouTube 影片超連結

　　YouTube 源自於美國的影片分享網站,讓使用者可以上傳、觀看和分享影片。YouTube 影片包羅萬象,舉凡電視短片、音樂 MV、預告片、自製的業餘短片…等,利用 YouTube 觀看影片儼然成為現代人生活中不可或缺的重心,透過 YouTube 網站進行商品的行銷宣傳,已變成多數廠商的目標,因為可以增加商品的可見度。

　　想要將 YouTube 影片顯示在 App 專案中,你也可以輕鬆做到喔,只要在「Activity 啟動器」的組件屬性中加入如下兩項設定即可。

■ Action:android.intent.action.VIEW

■ 資料 URI:輸入 YouTube 影片網址,例如:https://www.youtube.com/watch?v=pVCXPxzBtMg

7-2-6　啟用 Google 地圖

　　Activity 啟動器也可以調用網路資源 Google 地圖,要調用 Google Maps,請在 Activity 啟動器的「組件屬性」面板鍵入如下的屬性:

■ Action:android.intent.action.VIEW

■ ActivityClass:com.google.android.maps.MapsActivity

■ ActivityPackage:com.google.android.apps.maps

接下來是設定資料 URI，Google Maps 所需的資料 URI 開頭是「geo:0,0?q=」，後面只要加入想要定位的地名即可，此地名只要是 Google 地圖上可查詢到的地名，就可以進行定位。例如：筆者在 Activity 啟動器中加入「geo:0,0?q= 高雄火車站」的資料 URI，以智慧型手機進行連線時，就可以馬上在手機上看到高雄火車站了。

【範例檔】Exercise7_2.aia

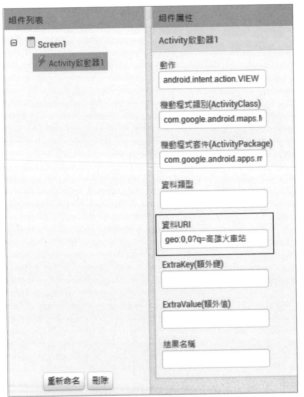

組件清單與屬性設定

手機立即顯示高雄火車站

7-2-7　地圖導航

地圖導航的作用是指引用戶到指定的位置，對於位置的設定，必須先知道它的經緯度座標才能進行定位。想要知道經緯度座標資訊，最簡單的方法就是在 Google 地圖上查詢，因為當各位在 Google Maps 網頁版上查詢某一地點時，網址列中就會自動顯示

一串數字,這串數字就是該地點的經緯度座標。另外,你也可以在地圖上對需要的座標地點或區域按下滑鼠右鍵,在彈出的視窗中就會以小數點為格式,在最上方顯示該地點的緯度和經度資訊。

❶ 由此輸入查詢的地點　　　網址列上顯示的資料　　　**❸** 顯示美術館的經緯度座標

❷ 按右鍵於美術館的圖標

如上所示,筆者在搜尋欄位中輸入高雄美術館的住址,網址列上即可看到高雄美術館的地平緯度和地平經度,屆時進行程式設計時,就可以將這經緯度座標宣告進去。

在進行導航時,Google Maps 需要知道起點的緯度／經度,以及終點的緯度／經度,這是給 Google Maps 的資料 URI,其書寫的規則如下:

http://maps.google.com/maps?saddr= 起點緯度 , 起點經度 &daddr= 終點緯度 , 終點經度

7-2-8　以 Activity 啟動器開啟網路搜尋

Activity 啟動器除了啟動瀏覽器外,也可以啟動網路搜尋的功能。啟動網路搜尋功能所需鍵入的屬性如下:

- Action：android.intent.action.WEB_SEARCH

- ActivityClass：com.google.android.providers.enhancedgooglesearch.Launcher

- ActivityPackage：com.google.android.providers.enhancedgooglesearch

- ExtraKey：query

- ExtraValue：（自訂搜尋的術語）

7-3　位置感測器

　　「位置感測器」位在組件面板的「感應器」類別中，屬於非可視組件，主要提供目前設備所在位置的相關訊息，包括緯度、經度、街道地址等。透過全球地位系統 GPS 定位後，位置感測器可以傳回目前位置的緯度、經度、地址等資訊。要蒐集這些資訊，位置感測器的啟用屬性值必須設為「真」，而且要開啟裝置的位置訊息取用權限才行。

　　位置感測器常用的模塊主要有如下四個：

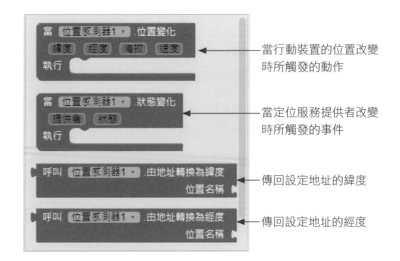

當行動裝置的位置改變時所觸發的動作

當定位服務提供者改變時所觸發的事件

傳回設定地址的緯度

傳回設定地址的經度

7-4 範例 - 使用捲動配置瀏覽官方網頁

這個範例應用到「介面配置／水平捲動配置」組件,讓較多的公家單位可以在有限的範圍中顯示出來。用戶所點選的公家單位,都會將其官網顯示在下方的「網路瀏覽器」之中。完成的手機畫面與版面編排設計如下:

【範例檔】browsing.aia

【網址資訊】台北市政府 https://www.gov.taipei/Default.aspx

高雄市政府 http://www.kcg.gov.tw/Default.aspx

台中市政府 http://www.taichung.gov.tw/

新北市政府 http://www.ntpc.gov.tw/ch/index.jsp

手機顯示結果

版面編排

7-4-1 組件列表與屬性設定

新增「browsing」專案，請依序由「介面配置」中加入「水平捲動配置」，由「使用者面」中加入「按鈕」和「網路瀏覽器」等組件，使組件列表顯示如圖：

各組件名稱以及其屬性內容設定如下：

■ Screen1：背景顏色「深灰」、標題「瀏覽政府官方網頁」。

■ 水平捲動配置 1：寬度「填滿」。

■ 台北：背景顏色「#5a85ffff」、文字「台北市政府」、文字顏色「白色」。

■ 高雄：背景顏色「橙色」、文字「高雄市政府」、文字顏色「白色」。

■ 台中：背景顏色「#ad33ccff」、文字「台中市政府」、文字顏色「白色」。

■ 新北：背景顏色「#3eb830ff」、文字「新北市政府」、文字顏色「白色」。

■ 網路瀏覽器：寬度「填滿」、首頁地址「https://www.gov.taipei/Default.aspx」。

網路瀏覽器上的首頁地址先設定為台北市政府的官網，這樣可以讓 App 載入時，就自動開啟台北市政府的官網，如果不進行設定，畫面就顯示空白。

7-4-2 網路瀏覽器開啟官網

版面編排與組件屬性都設定完成後，接著就是進入程式模塊的拼接。在此範例中，只要設定台北、高雄、台中、新北等按鈕被點選，就呼叫網路瀏覽器開啟指定的網址即可。依此概念，請依序由「按鈕」先觸發事件，接著由「網路瀏覽器」進行呼叫，再輸入各按鈕所對應的網址就可搞定。堆疊出來的程式模塊如下：

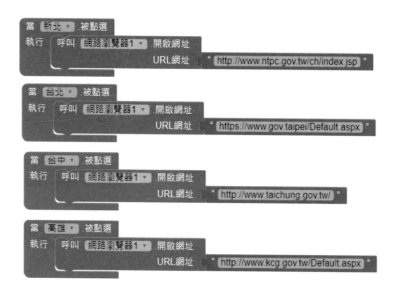

完成後測試一下手機上的畫面，就可以看到 App 載入時會自動顯示「台北市政府」的官網（如左下圖）。每個官網按鈕可以左右移動切換，點選之後即可進入該網站進行瀏覽了。

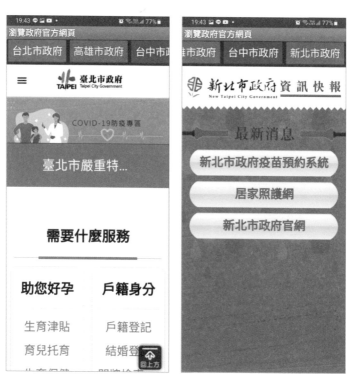

7-5　範例 - 輸入網址瀏覽網頁

這個範例是讓用戶可以直接在 App 上輸入網址，按下「瀏覽」鈕即可前往可該網站進行網頁的瀏覽。完成的畫面效果如下：

【範例檔】urlinput.aia

預設畫面

輸入網址按下「瀏覽」鈕所呈現的畫面

7-5-1　版面編排與屬性設定

新增「urlinput」專案，依序加入水平配置、文字輸入盒、按鈕、網路瀏覽器等組件，使版面編排如下：

各組件名稱與屬性設定如下：

■ Screen1：標題「網頁瀏覽」。

■ 水平配置 1：垂直對齊「居中」、背景顏色「深灰」、寬度「填滿」。

■ 網址輸入框：字體大小「16」、寬度「填滿」、提示「請輸入要瀏覽的網址」、文字欄位保留空白。

■ 瀏覽鈕：背景顏色「橙色」、勾選「粗體」、字體大小「16」、文字「瀏覽」。

■ 網路瀏覽器：保留預設值。

完成組件設定後，接著切換到「程式設計」介面，我們將進行網址輸入框與瀏覽按鈕的程式堆疊。

7-5-2 網址輸入框設定

網址輸入框因為在組件屬性的「提示」處有輸入文字，所以手機的預設狀態就會顯示「請輸入要瀏覽的網址」等文字。在程式設定方面，各位點選「網址輸入框」組件時只有看到如下兩個觸發方式，因此請選用「當網址輸入框取得焦點」的土黃色模塊來進行觸發的動作。

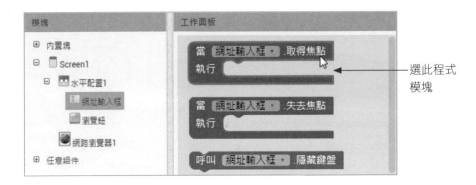

選此程式
模塊

觸發事件後，要呼叫網路瀏覽器開啟網址，而要開啟的網址是用戶在網址輸入框中所輸入的文字，因此請分別從「網路瀏覽器」組件中拖曳出如圖的紫色模塊，接著由「網址輸入框」組件中拖曳出淺綠的程式模塊就可搞定。

7-5-3　瀏覽按鈕設定

當用戶輸入網址並按下「瀏覽」鈕，就讓網路瀏覽器首頁地址變成網址列中輸入的文字，如此一來就可以看到網頁內容。程式設定如下：

7-6　範例 - Google Maps 地標搜尋

這個範例是讓用戶可在 App 專案中直接進行地標的搜尋。前面我們提過，要調用 Google Maps，只要在「Activity 啟動器」的屬性中鍵入「Action」、「ActivityClass」、「ActivityPackage」、「資料 URI」等相關資訊即可。這裡則是讓各位透過程式的控制，讓用戶可以隨意輸入想要搜尋的地標。

【範例檔】landmarksearch.aia

手機預設畫面　　　　　　　　　　輸入搜尋的結果

7-6-1　組件列表與屬性設定

新增「landmarksearch」專案，依序由「組件面板」中加入標籤、水平配置、文字輸入盒、按鈕、Activity 啟動器等組件，使組件列表顯示如圖：

各組件名稱與屬性設定如下：

■ Screen1：背景顏色「深灰」、標題「Google Maps 地標搜尋」。

■ 標籤 1：字體大小「16」、文字「請輸入要搜尋的地點」、文字顏色「黃色」。

■ 水平配置 1：寬度填滿。

■ 文字輸入盒 1：寬度「填滿」、「提示」欄位空白、「文字」欄位空白。

■ 地點搜尋：文字「地點搜尋」。

■ Activity 啟動器 1：動作「android.intent.action.VIEW」、機動程式類別「com.google.android.maps.MapsActivity」、機動程式套件「com.google.android.apps.maps」。

7-6-2　搜尋按鈕程式設定

在「組件屬性」面板上，我們已經將 Activity 啟動器的「動作」、「機動程式類別」、「機動程式套件」等屬性設定完成，而 Google Map 所需的資料 URI 開頭是「geo:0,0?q=」，所以程式設定部分，只要用戶輸入文字並按下「地點搜尋」按鈕，就將「geo:0,0?q=」和用戶所鍵入的文字字串合併在一起，再呼叫 Activity 啟動器啟動 Activity，就可以讓手機自動顯示用戶所搜尋的地標了。依此邏輯概念，請依序堆疊出如圖的程式模塊就可搞定。

7-7　範例 - 導航至指定地點 - 高雄義大世界

　　想要透過 App 程式，一方面進行自家商品的介紹，一方面也將客戶引領到自家店門口，相信是很多商家期望做到的事。這個範例是以「高雄義大世界」做示範說明，告訴各位如何在 App 專案中顯示自家網頁內容，同時提供導航功能，讓手機用戶可以從目前的所在位置導航到指定的地點 - 高雄義大。

【範例檔】navigation.aia

【來源檔案】BTN02.png

手機顯示畫面

按下導航鈕導航至高雄義大

7-7-1　組件列表與屬性設定

新增「navigation」專案，依序加入按鈕、網路瀏覽器、Activity 啟動器、位置感測器等組件，使組件列表顯示如圖：

各組件名稱與屬性設定如下：

■ **Screen1**：水平對齊「居中」、背景顏色「深灰」、標題「導航至指定地點」。

■ **導航**：勾選「粗體」、字體大小「16」、圖像「BTN02.png」、文字「導航至高雄義大世界」、文字顏色「深灰」。

■ **網路瀏覽器 1**：首頁地址「http://www.edamall.com.tw/default.aspx」。（這裡輸入義大網址，如此一來，App 專案被開啟時，就會自動顯示義大的網頁內容）。

■ **Activity 啟動器 1**：動作「android.intent.action.VIEW」、機動程式類別「com.google.android.maps.MapsActivity」、機動程式套件「com.google.android.apps.maps」。

■ **位置感測器 1**：時間間隔「60000」。

7-7-2　以位置感應器偵測位置

要為用戶進行導航，首先要知道用戶的位置，接著要知道目的地的位置，有前後兩個定點，才能呼叫 Google Maps 規劃兩地點間的導航路徑。

用戶所在的位置可以透過「位置感測器」來提供訊息，取得資料後再將緯度和經度的資料傳送給 Google Maps 知道。由於無法預先知道用戶所在的緯度和經度資訊，所以要先設定兩個全域變數「StartX」和「StartY」，同時設定其初始值為「0」。

接下來要設定當行動裝置的位置改變時所觸發的動作。請由「程式設計」介面的「位置感測器 1」組件中拖曳出如圖的土黃色模塊。

當位置感測器位置改變時，從設置的全域 startX 變數中取緯度，全域 startY 變數中取經度，同時設定「導航」鈕的啟用值為「真」才行。

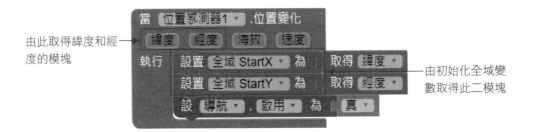

由此取得緯度和經度的模塊

由初始化全域變數取得此二模塊

7-7-3 設定導航鈕啟動導航功能

當我們從位置感測器取得用戶所在的位置後，接下來要知道目的地 - 高雄義大世界的緯度和經度，請利用 Google 地圖查詢，在圖標的位置上按右鍵，即可取得緯度／經度的資訊：

前面我們提過，Google Maps 的資料 URI 書寫規則是：

http://maps.google.com/maps?saddr= 起點緯度 , 起點經度 &daddr= 終點緯度 , 終點經度

所以，當「導航」鈕被按下時，設定 Activity 啟動器的資料 URI 為「http://maps.google.com/maps?saddr= 起點緯度 , 起點經度 &daddr= 終點緯度 , 終點經度」。其中的「起點緯度」和「起點經度」是取 global startX 和 global startY 的值，而終點緯度則為「22.73080」，終點經度為「120.40899」。這些文字內容可透過「合併文字」模塊將其串接在一起。設定好資料 URI 後就可呼叫 Activity 啟動器進行啟動。依此邏輯概念，所堆疊出來的程式模塊如下：

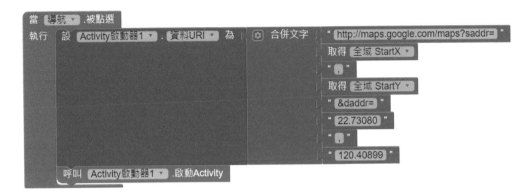

範例進行至此,就已大功告成,各位可以將專案連接至手機,當您按下「導航至高雄義大世界」鈕,只要起點設置在「你的位置」,下方就能看到導航的路線囉!

選擇起點設在「你的位置」

7-8 範例 - 活動宣傳 -Google 地圖／ YouTube 影片／ Mail 連結

這個範例整合運用 Activity 啟動器與圖像功能,讓用戶可以直接在 APP 專案中看到活動的相關資訊、連結到活動地點、看到宣傳的 YouTube 影片,甚至可以直接連結到主辦單位的電子郵件信箱聯繫事情。完成的畫面效果如下:

【範例檔】promotion.aia

【來源檔案】title.png

手機呈現效果

活動地點連結

YouTube 影片連結

電子郵件連結

7-8-1 組件列表與屬性設定

新增「promotion」專案，依序加入圖像、水平捲動配置、按鈕、垂直配置、標籤、Activity 啟動器等組件，使版面配置與組件列表顯示如圖：

版面設計　　　　　　　　組件列表與命名

各組件名稱與屬性設定如下：

- Screen1：標題「綠度母活動宣傳」。

- 圖像 1：高度「213 像素」、寬度「320 像素」、圖片「title.png」。

- 水平捲動配置 1：寬度「填滿」。

- 資訊：背景顏色「透明」、字體大小 12、文字「活動資訊」、文字顏色「紅色」。

- 地點：字體大小 12、文字「活動地點」。

- 音樂影片：字體大小 12、文字「音樂影片」。

- 郵件聯繫：字體大小 12、文字「郵件聯繫」。

- 垂直配置 1：寬度「填滿」。

- 標籤 1：勾選「粗體」、字體大小「14」、文字「活動時間」、文字顏色「品紅」。

- 標籤 2：字體大小「14」、文字「4月8日」。

- 標籤 3：勾選「粗體」、字體大小「14」、文字「活動說明」、文字顏色「品紅」。

- 標籤 4：文字「<綠度母祈福活動>,<綠度母著色比賽頒獎典禮>,<慈善救助活動>」。

- Activity 啟動器 1：未設定。

7-8-2　地點連結設定

版面編排與屬性設定完成後，接下來就是透過按鈕來觸發事件。在「地點」按鈕部分，我們直接透過程式模塊來設定 Activity 啟動器的「動作」與「資料 URI」屬性，再呼叫 Activity 啟動器啟動 Activity 即可，堆疊的程式模塊如下：

```
當 地點 .被點選
執行   設 Activity啟動器1 . 動作 為 " android.intent.action.VIEW "
      設 Activity啟動器1 . 資料URI 為 " geo:0,0?q=高雄國際會議中心 "
      呼叫 Activity啟動器1 .啟動Activity
```

7-8-3　連結至 YouTube 宣傳影片

當「音樂影片」按鈕被按下時，設定 Activity 啟動器的「動作」與「資料 URI」屬性，使按鈕可以連結到影片網址，接著呼叫 Activity 啟動器啟動 Activity。由於程式模塊與剛剛設定的地點差不多，可透過右鍵複製程式模塊，再進行按鈕名稱與 URI 修改即可。堆疊的程式模塊如下：

```
當 音樂影片 .被點選
執行   設 Activity啟動器1 . 動作 為 " android.intent.action.VIEW "
      設 Activity啟動器1 . 資料URI 為 " https://youtu.be/pVCXPxzBtMg "
      呼叫 Activity啟動器1 .啟動Activity
```

7-8-4 連結至電子郵件信箱

當「郵件聯繫」按鈕被按下時，設定 Activity 啟動器的「動作」與「資料 URI」屬性，使按鈕連結到郵件程式，同時以「?subject=」加入文件標題，再呼叫 Activity 啟動器。堆疊的程式模塊如下：

MEMO

CHAPTER

社交應用 - 電話／簡訊／聯絡人

在 App Inventor 中，關於社交方面的應用組件也相當多，不管是手機聯絡人的選取、電話撥打、簡訊傳送、分享到推特等，都可以幫用戶處理。這一章節將針對這些主題做介紹，相關組件可在組件面板的「社交應用」類別中找到。

8-1 電話撥號器

「電話撥號器」是用來撥打電話號碼，同時接通電話的組件，屬於非可視組件。選用「電話撥號器」後，可以直接在組件屬性中輸入電話號碼，或是透過程式模塊來設定電話號碼。

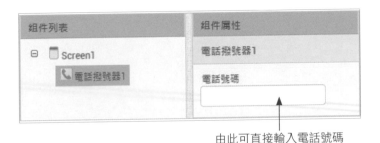

由此可直接輸入電話號碼

也可以透過程式模塊來設定電話號碼

簡單做設計

請透過按鈕功能，完成「訂購油漆式速記軟體專線」-072232091 的電話撥打。

【範例檔】Exercise8_1.aia

■ 步驟1：加入組件

先加入「按鈕」和「電話撥號器」組件

■ 步驟2：設定組件屬性

• 按鈕1：背景顏色「橙色」、字體大小「16」、形狀「圓角」、文字「訂購油漆式速記軟體專線」。

• 電話撥號器1：電話號碼「072232091」。

■　步驟 3：程式模塊設定

設定按鈕被點選時，就呼叫電話撥號器撥打電話。

很簡單吧！這樣就可以讓手機用戶直接撥打商家的電話號碼，不用再輸入電話號碼。要注意的是，電話號碼中若有包含英文字母或「-」、「_」、「.」、「#」等符號時，撥打時會自動忽略這些符號與字母。

8-2　聯絡人選擇器 & 撥號清單選擇器

手機的作用主要在撥打電話，要撥打電話就離不開聯絡人和電話號碼。手機中的聯絡人資料中通常可以包含聯絡人的姓名、電話號碼、電子郵件、圖像…等資訊。

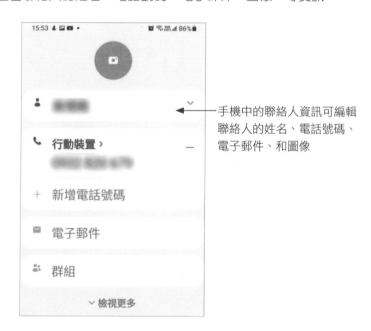

← 手機中的聯絡人資訊可編輯聯絡人的姓名、電話號碼、電子郵件、和圖像

當各位在專案中加入「聯絡人選擇器」或「撥號清單選擇器」組件時，可以透過程式模塊來加入聯絡人姓名、電話號碼、電子郵件位址等屬性。如圖示：

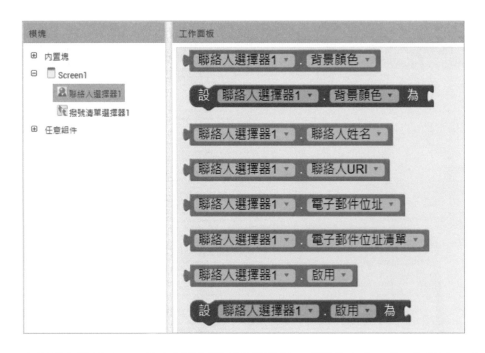

在觸發事件部分，可設定當選擇器「準備選擇」、「選擇完成」、「取得焦點」、「失去焦點」、「被壓下」、「被鬆開」時所執行的動作，另外也可以透過「呼叫」方式來開啟選擇器或查看聯絡人。

「聯絡人選擇器」和「撥號清單選擇器」通常會和「電話撥號器」配合使用，讓用戶可以從手機中的聯絡人清單中選取聯絡人，並將其設定為「電話撥號器」的電話號碼屬性，這樣才能將電話撥打出去。

簡單做設計

由手機選取聯絡人電話。

【範例檔】Exercise8_2.aia

■　步驟 1：加入組件

先加入如圖的組件

■　步驟 2：設定組件屬性

• 水平配置 1：寬度「填滿」。

• 撥號清單選擇器 1：背景顏色「橙色」、勾選「粗體」、文字「選擇電話」。

• 顯示電話號碼：寬度「填滿」、提示框保留空白。

■　步驟 3：程式模塊設定

設定當「選擇電話」的撥號清單選擇器被點選時，就設定「顯示電話號碼」文字盒中的文字，為撥號清單選擇器中的電話號碼。依此邏輯加入如下的程式模塊：

設定完成後，按下橙色的「選擇電話」就會列出手機中的所有聯絡人，以指尖點選後，該聯絡人的電話就會出現在框框中。

【補充說明】

在選取電話號碼後，若要撥出電話，還必須加入「按鈕」和「電話撥號器」組件，程式部分則將「電話撥號器」的電話號碼設為「撥號清單選擇器」的電話號碼，再呼叫電話撥號器撥打電話。請自行參閱範例檔「Exercise8_3.aia」。

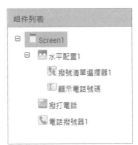

8-3 電子郵件選擇器

「電子郵件選擇器」是一個文字模塊造型的組件，當用戶輸入聯絡人的姓名或電子郵件時，手機上將顯示下拉式選單，可透過選擇來完成電子郵件的輸入。在程式設定方面，設計者可以設定電子郵件選擇器的背景顏色、文字內容、提示文字、文字顏色、字體大小、高度、寬度、是否啟用等屬性。另外也可以透過事件的觸發或呼叫方法來使用電子郵件選擇器，而最常用的方式則是透過按鈕的搭配，讓用戶點選按鈕來完成輸入。

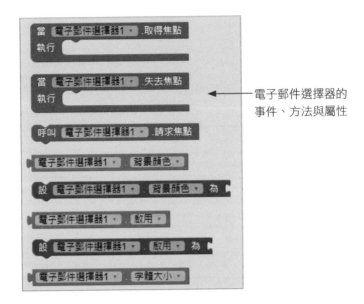

電子郵件選擇器的
事件、方法與屬性

8-4 簡訊

「簡訊」組件是提供簡訊的發送和接收，屬於非可視組件。當各位在專案中加入「簡訊」組件後，可以在「組件屬性」面板上設定簡訊內容、傳送的電話號碼，還可以設定是否使用 GoogleVoice 方式來傳送簡訊。

除了發送簡訊外，專案設計者也可以決定接收簡訊的時機或關閉訊息的接收。在「啟用訊息接收」的欄位中，提供以下三種接收簡訊的時機：

■ 關閉接收：不接收簡訊。若不希望影響到程式的進行或用戶的注意力，可以選擇關閉接收的功能。

■ 前景時接收：是指應用程式在前台執行的狀態下才能接收簡訊，這是系統的預設值。

■ 持續接收：是指無論在前台或後台執行時，都會接收簡訊。一般後台執行接收時，系統會自動發出通知來告知用戶。

訊息的接收除了在「組件屬性」面板上作設定外，也可以在程式模塊中來進行設定。屬性值設為 1，不會接收簡訊；設為 2 只有 App 專案執行中才會接收簡訊，數值為 3 則是專案執行時接收簡訊，未執行時則進入佇列並向用戶顯示通知。

另外，想要通過 Google 語音方式來傳送簡訊，則必須將「啟用 GoogleVoice」屬性設為「真」，並且用戶要擁有 Google 語音帳戶，手機安裝了 Google 語音應用才可以使用。至於電話號碼的設定，一樣不能夾雜其他字元或空格。

8-5 分享

「分享」組件可在手機上分享檔案或訊息，讓用戶決定分享內容至郵件類、社交類、或簡訊類的 APP，屬於非可視組件。「分享」組件沒有屬性設定項，只有程式模塊提供「方法」來分享檔案或訊息。如圖示：

8-6 範例 - 撥打電話 & 發送訊息

這個範例主要是示範撥打電話和發送簡訊的方式，用戶只要輸入手機號碼，按下「撥打電話」鈕就可以撥通手機，而輸入電話號碼與要傳送的訊息，按下「發送簡訊」鈕，就能將訊息傳到對方的手機上。完成的手機畫面與版面編排設計如下：

【範例檔】call_news.aia

【來源檔案】bg.jpg

手機上呈現的效果

版面編排設計

8-6-1 組件列表與屬性設定

新增「call_news」專案，由組件面板中分別加入標籤、文字輸入盒、按鈕、電話撥號器、簡訊等組件，使組件列表顯示如圖：

各組件的名稱與屬性內容設定如下：

■ Screen1：水平對齊「居中」、背景圖片「bg.jpg」、標題「撥打電話 & 發送訊息」。

■ 標籤 1：勾選「粗體」、字體大小「16」、文字「請輸入電話號碼」、文字顏色「白色」。

■ 輸入電話：勾選「粗體」、字體大小「25」、寬度「填滿」、「提示」欄位空白、勾選「僅限數字」、「文字」欄位空白、文字顏色「#4f2d91ff」。

■ 撥打電話：背景顏色「橙色」、勾選「粗體」、字體大小「16」、形狀「圓角」、文字「撥打電話」。

■ 標籤 2：勾選「粗體」、字體大小「16」、文字「請輸入要傳送的訊息」、文字顏色「白色」。

■ 輸入訊息：字體大小「16」、寬度「填滿」、提示「我的訊息」、勾選「允許多行」、「文字」欄位空白、文字顏色「#4f2d91ff」。

■ 發送簡訊：撥打電話：背景顏色「橙色」、勾選「粗體」、字體大小「16」、形狀「圓角」、文字「發送簡訊」。

■ 電話撥號器 1：保留預設值。

■ 簡訊 1：保留預設值。

8-6-2 設定撥打電話

在撥打電話方面，只要用戶按下「撥打電話」按鈕，就讓「電話撥號器」的電話號碼變成「輸入電話」欄位中的文字，同時呼叫電話撥號器，以此號碼撥打電話。依此概念堆疊以下的程式模塊，就可以透過手機撥打出電話。

```
當 撥打電話 .被點選
執行 設 電話撥號器1 . 電話號碼 為 輸入電話 . 文字
     呼叫 電話撥號器1 .撥打電話
```

8-6-3 設定傳送簡訊

要發送簡訊給他人，一定要有對方的電話號碼和想要傳送的文字內容，所以只要用戶有在「輸入電話」和「輸入訊息」兩個文字輸入盒中輸入資料，當按下「發送簡訊」的按鈕時，就將簡訊的電話號碼設為「輸入電話」中的數字，簡訊內容則為「輸入訊息」中的文字，然後呼叫簡訊發送訊息。依此邏輯概念，就可堆疊出如下的程式模塊。

```
當 發送簡訊 .被點選
執行 設 簡訊1 . 電話號碼 為 輸入電話 . 文字
     設 簡訊1 . 簡訊 為 輸入訊息 . 文字
     呼叫 簡訊1 .發送訊息
```

很簡單吧！各位也可以試試看，對於商家來說，若要讓手機用戶不用輸入電話號碼，也可以將訊息傳給店家，那就把「輸入電話」的文字更換為店家的電話號碼即可。如下所示：

```
當 發送簡訊 .被點選
執行 設 簡訊收發器1 . 電話號碼 為 " 0933100168 "
     設 簡訊收發器1 . 簡訊 為 輸入訊息 . 文字
     呼叫 簡訊收發器1 .發送訊息
```

8-7 範例 - 由手機選取聯絡人並發送訊息

這個範例是介紹如何在用戶的手機上,取得要發送簡訊的聯絡人姓名和電話號碼,在輸入簡訊內容後,按「發送簡訊」鈕就可以將簡訊傳送到對方手機中。完成的畫面效果與版面編排畫面如下:

【範例檔】connect_news.aia

【來源檔案】bg2.jpg、btblue.png

8-7-1 組件列表與屬性設定

新增「connect_news」專案,由組件面板中分別加入聯絡人選擇器、水平配置、標籤、文字輸入盒、按鈕、電話撥號器、簡訊等組件,使組件列表顯示如圖:

各組件的命名與屬性設定如下：

■ Screen1：背景圖片「bg2.jpg」、標題「由手機選取聯絡人並發送訊息」。

■ 聯絡人選擇框 1：勾選「粗體」、字體大小「14」、圖像「btblue.png」、文字「選擇聯絡人」、文字顏色「黃色」。

■ 水平配置 1：寬度「填滿」。

■ 聯絡人：勾選「粗體」、字體大小「14」、文字「聯絡人」。

■ 聯絡人姓名：字體大小「14」、寬度「填滿」、「提示」欄位保留空白、「文字」欄位保留空白、文字顏色「深灰」。

■ 水平配置 2：寬度「填滿」。

■ 電話號碼：勾選「粗體」、文字「電話號碼」。

■ 聯絡人電話：字體大小「14」、寬度「填滿」、「提示」欄位保留空白、「文字」欄位保留空白、文字顏色「深灰」。

■ 標籤 3：勾選「粗體」、字體大小「14」、文字「請輸入要傳送的訊息」。

■ 文字輸入盒 3：寬度「填滿」、提示「訊息內容」、勾選「允許多行」、「文字」欄位空白。

■ 發送簡訊：勾選「粗體」、字體大小「14」、圖像「btblue.png」、文字「發送簡訊」、文字顏色「黃色」。

■ 電話撥號器 1：未設定。

■ 簡訊 1：未設定。

8-7-2　設定由聯絡人選取姓名／電話

當用戶按下「選擇聯絡人」的圖鈕，並由顯示的列表中選取聯絡人後，讓「聯絡人姓名」的文字輸入盒變成聯絡人選擇框中的姓名，而聯絡人電話」的文字輸入盒變成聯絡人選擇框中的電話號碼。依此邏輯所堆疊出來的程式模塊如下：

測試專案時就可以看到聯絡人和電話號碼都已顯示在框框之中。

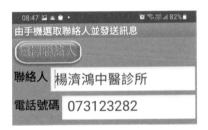

8-7-3　設定發送簡訊

有了聯絡人的姓名和電話號碼，接下來就是輸入想要發送的簡訊內容。當用戶按下「發送簡訊」的按鈕時，簡訊的電話號碼就是「連絡人電話」中的文字，而簡訊內容則是「文字輸入盒 3」中的文字，接著呼叫簡訊發送訊息，就可以將訊息發送出去。當簡訊發送後要讓輸入的訊息文字自動消除，只要加入空白的字串即可。堆疊的程式模塊如下：

當 發送簡訊 ▼ .被點選
執行　設 簡訊1 ▼ . 電話號碼 ▼ 為 聯絡人電話 ▼ . 文字 ▼
　　　設 簡訊1 ▼ . 簡訊 ▼ 為 文字輸入盒3 ▼ . 文字 ▼
　　　呼叫 簡訊1 ▼ .發送訊息
　　　設 文字輸入盒3 ▼ . 文字 ▼ 為 " "　　←── 讓訊息框自動清空

8-8　範例 - 分享相片與心情故事

　　這個範例是透過手機選取已拍攝的相片，讓用戶可以在相片上加入文字和設定文字顏色，以訴說個人的心情，然後將編輯的畫面儲存起來，再分享給其他社群軟體中的朋友。如果設定的文字或顏色不適當，也可以按下「重設文字」鈕重新調整文字與色彩。完成的手機畫面效果如下：

【範例檔】sharestory.aia

【來源檔案】bg.png、bt001.png、btoon.png

手機預設畫面

加入相片與文字後的效果

8-8-1 組件列表與屬性設定

新增「sharestory」專案，由組件面板中分別加入圖像選擇器、水平配置、標籤、文字輸入盒、按鈕、畫布、分享等組件，使組件列表顯示如圖：

各組件的命名與屬性設定如下：

- Screen1：背景圖片「bg.png」、標題「分享相片與文字」。

- 圖像選擇器 1：字體大小「14」、高度「50 像素」、圖像「bt001.png」、文字「圖片選取」。

- 水平配置 1：高度「50 像素」。

- 標籤 1：字體大小「14」、文字「輸入文字：」。

- 文字輸入盒 1：字體大小「14」、寬度「填滿」、「提示」欄位保留空白。

- 水平配置 2：高度「50 像素」、寬度「填滿」。

- 標籤 2：字體大小「14」、文字「文字顏色：」。

- 紅色：背景顏色「紅色」、高度「40 像素」、寬度「40 像素」、形狀「橢圓」、「文字」欄位保留空白。

- 白色：背景顏色「白色」、高度「40 像素」、寬度「40 像素」、形狀「橢圓」、「文字」欄位保留空白。

- 黑色：背景顏色「默認」、高度「40 像素」、寬度「40 像素」、形狀「橢圓」、「文字」欄位保留空白。

- 黃色：背景顏色「黃色」、高度「40 像素」、寬度「40 像素」、形狀「橢圓」、「文字」欄位保留空白。

- 綠色：背景顏色「綠色」、高度「40 像素」、寬度「40 像素」、形狀「橢圓」、「文字」欄位保留空白。

- 畫布 1：背景顏色「深灰」、高度「240 像素」、寬度「320 像素」。

- 水平配置 3：高度「60 像素」、寬度「填滿」。

- 重設文字：字體大小「14」、圖像「bt002.png」、文字「重設文字」。

- 加入文字：字體大小「14」、圖像「bt002.png」、文字「加入文字」。

■ 分享朋友：字體大小「14」、圖像「bt002.png」、文字「分享朋友」。

■ 分享 1：無屬性設定。

8-8-2 設定圖片選取

在此範例中，我們要讓用戶按下「圖片選取」的組件後，可以啟動手機上的媒體瀏覽器，然後進行相片的選取。當用戶選擇完成時，就讓畫布的背景圖片變成用戶所選中的相片。依此邏輯所堆疊出來的程式模塊如下：

設定完成後，以手機進行測試時，就可以看到畫布的區域範圍已顯示剛剛選定的相片。

8-8-3 設定文字加入相片中

要讓用戶可以在相片上加入自己想要書寫的文字內容，畫面上就必須要有文字輸入盒的組件讓用戶可以輸入文字。而「畫布」組件除了可以觸發「被拖曳」、「被滑過」、「被壓下」、「被鬆開」、「被碰觸」等事件外，也可以呼叫畫布進行畫圓、畫線、畫點、繪製文字…等各種方法。這裡所要使用的就是「呼叫畫布繪製文字」的方法，各位可以在程式設計介面的「畫布」組件看到如下的程式模塊。

畫布所繪製的文字內容是來自於用戶在「文字輸入盒 1」中所輸入的文字。另外要設定文字的 x 座標與 y 座標位置，這樣程式才知道要讓文字放在哪個位置。

當「加入文字」的按鈕被點選時，就呼叫畫布來繪製文字，另外可以指定字體大小，使文字符合期望的尺寸。依此邏輯概念，所堆疊出來的程式模塊如下：

```
當 加入文字 ▼ .被點選
執行   設 畫布1 ▼ . 字體大小 ▼ 為 ( 20
       呼叫 畫布1 ▼ .繪製文字
                            文字 ( 文字輸入盒1 ▼ . 文字 ▼
                          x座標 ( 160
                          y座標 ( 50
```

8-8-4　設定文字顏色的選取

在剛剛的設定中，用戶按下「加入文字」鈕就可以看到畫布上出現了預設的黑色文字。由於用戶所選的相片有的是深色調，有的是淺色調，所以設定不同深淺的顏色可以讓文字明顯地顯示在相片上。

畫面上我們設定了紅、白、黑、黃、綠等五種顏色按鈕，讓用戶按下紅色圓鈕就在畫布上畫出紅色，點選黃色的圓鈕就畫出黃色…，以此類推。依此邏輯概念，請依序點選各顏色按鈕使觸發事件，接著設定「畫布」的畫筆顏色，而顏色可由「內置塊／顏色」進行點選，預設的顏色若不滿意，請按下色塊進行選色，如圖示：

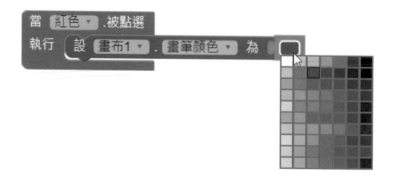

完成第一個顏色按鈕的設定後，可利用滑鼠右鍵進行「複製程式模塊」，再依序修改屬性值，即可完成紅、白、黑、黃、綠等按鈕的設定。

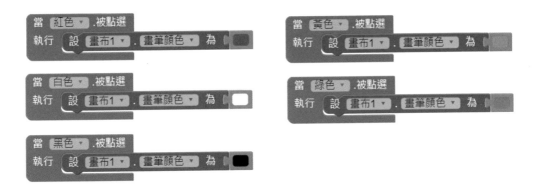

8-8-5 以「重設文字」清除畫布

在相片加入文字的過程中，萬一不滿意所加入的文字內容該怎麼辦呢？為了讓用戶有反悔的機會，加入「重設」功能鈕是有其必要性的。

當用戶點選「重設文字」鈕，就呼叫畫布來清除畫布。依此概念，完成如下的程式模塊即可清除文字。

8-8-6 設定分享給朋友

當用戶在相片上表達個人的心情感受後，若想要將畫面分享給其他好友，就必須透過「分享」組件來進行分享。請由「分享」組件中拖曳出如圖的程式模塊：

選此模塊可分享檔案

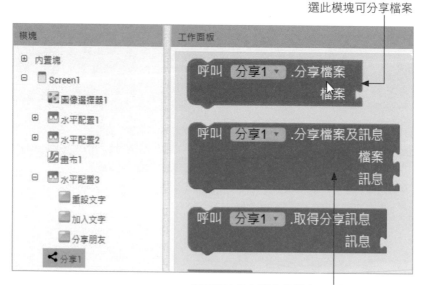

若要同時分享檔案與訊息，可選此程式模塊

　　當「分享朋友」的按鈕被點選時，就呼叫「分享」來分享檔案。由於分享的畫面是來自於畫布，為了不影響原有的照片，所以我們呼叫畫布以另存檔案的方式來處理相片，而檔案名稱則自訂為「mypicture」。依此邏輯所堆疊的程式模塊如下：

　　行文至此，整個專案已完成，趕快試試看，將自己先前所拍攝的相片加入心情文字，然後傳送給自己的好友吧！

MEMO

MEMO

CHAPTER

上架到 Google Play

在這 App 專案的學習過程中，各位應該有很多的創意想法想要表現出來，也希望將一些好的構想或創意推廣給更多人知道和使用。為了讓設計出來的 App 專案有一個棲身之處，Google 公司建立了「Play 商店」的管理平台，讓 Android 的程式開發者可以將自己設計的專案，透過此平台免費分享給其他人，或是以付費方式取得合理利潤，創造開發者與付費者雙贏的局面。這個章節將探討如何將設計好的應用程式上架到 Google Play 商店。

9-1　申請註冊 Google Play 開發者

在 Android 手機中，Google 的「Play 商店」是 App 下載的重要程式，設計完成的專案要上架到 Google Play 商店之前，都必須先申請 Google 開發人員帳號才能進行 App 的發布。要成為 App 發布人員，其申請費用是 25 塊美金，申請後可永久使用。請先登入個人的 Google 帳號後，再連結到如下的網址去申辦一組 Google Play Console 帳號。（網址：https://play.google.com/console/signup/playSignup）。

　　建立開發人員帳戶可以是個人用途或是企業機構，如果是個人、業餘愛好者或半職業開發人員，可由「自己／開始匯入」，如果是廠商或政府活動，則是由「機構或企業／開始匯入」。資料的填寫主要包括了開發人員名稱、機構名稱、聯絡人姓名、郵件地址、通訊地址、連絡電話、網站等資訊，勾選和閱讀相關條款後，需支付一次性的註冊費用 - 美金 25 元，並要求您使用有效的身分證件來驗證身分才能建立帳戶。

　　完成信用卡付款及資料填寫後，大約等待 1-2 天的時間，就可以準備開始發布自己的 APP 專案。

9-2 準備打包應用程式

具備開發人員的資格後，就可以開始準備要上傳的 App 應用程式。在上傳應用程式之前，各位還必須檢查一下程式是否有欠缺的地方。例如：螢幕的相關屬性設定是否完整、退出 App 程式的「離開」鈕設定是否已具備、各螢幕的切換是否順暢。

9-2-1 退出 App 程式鈕

在第一章的最後，我們已將退出 App 程式的設定方法做完整的介紹，相信各位還有印象，限於篇幅關係，之後的範例並未放入「離開」鈕，但是要進行打包上傳應用程式時，就必須考慮加入「離開」鈕的設定，方便用戶可以退出程式。

9-2-2 螢幕畫面切換

設計的應用程式若是包含多個螢幕畫面，最好再次確認，是否每個設計的頁面都能到達，而且可以順暢的返回上一層，或是每個頁面都有提供離開功能，讓用戶可以隨時關閉應用程式。

9-2-3 螢幕屬性設定

在每個範例中，我們都有習慣設定螢幕的標題，所以用戶在開啟應用程式時，可知道應用程式的名稱或用途。除此之外，還有幾項的屬性設定要特別注意：

▶ 應用程式圖示

安裝圖示，正方形圖案，繪製後儲存成去背景的 PNG 格式即可使用。要注意的是，設計的圖案最好簡單清晰，因為是顯示在手機桌面上的圖形，太多文字或太複雜的圖案在縮小後會看不清楚。

自製應用程式圖示

各種應用程式的圖示顯示效果

　　應用程式圖示也可以稍後和其他的主題圖片與擷圖畫面一起上傳，目前要求的高解析度圖示為 512 x 512 像素，背景透明的 PNG 或 JPEG 檔案，大小不能超過 1 MB。

● 螢幕方向

　　根據所設計的應用程式，可以決定是否要鎖定畫面，或是不指定。

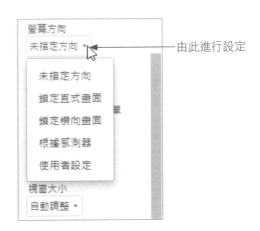

● 版本編號

　　版本編號的預設值為「1」，當應用程式發佈後，若再發佈更新檔時，其版本編號必須與第一次不同才行。

上傳應用程式後,如果需要再次上傳檔案,就必須由此修改版本編號,版本編號必須與上次的不同才能進行上傳

9-2-4 測試與打包程式

加入退出程式及應用程式的圖示設定後,若要測試應用程式的效果,則請選用「打包 apk / Android App(.apk)」,再透過 QR Code 掃描圖案,這樣就能將應用程式安裝到手機上,測試時才不會看到錯誤訊息。

選此項將應用程式安裝到手機上

測試專案執行無誤後,接著要準備上傳程式到 Google Play,請執行「打包 apk / Android App Bundle(.aab)」指令來打包你的專案,因為自 2021 年 8 月起,在 Google Play 新發佈的所有應用程式都必須採用 Android App Bundle,也就是 *.aab 格式。

9-3 準備圖文說明

上傳應用程式之前,除了前面介紹的圖示鈕之外,各位還必須準備與應用程式相關的描述文字與圖片,讓用戶可以概略了解這個應用程式的特點。

▶ 描述文字

描述文字包含了「應用程式名稱」、「簡短說明」及「完整說明」,其中「應用程式名稱」以 30 字為限,「簡短說明」以 80 字為限,而「完整說明」以 4000 字為限。

▶ 說明圖片

目前上傳的圖形規格說明如下：

■ 主題圖片 1 張，尺寸為 1024 x 500 像素（大小不能超過 1 MB），格式為 JPG 或 PNG。

■ 螢幕擷取畫面：至少 2 張，每個類型最多提供 8 張螢幕擷取畫面。在尺寸部分，邊長下限為 320 像素，邊長上限為 3840 像素，顯示比例應為 16:9 或 9:16，格式可為 JPG 或 PNG。如果上傳橫式模式的螢幕擷取畫面，系統會顯示旋轉後的縮圖，保留原始圖片及其瀏覽模式。

▶ 擷取螢幕畫面技巧

要擷取應用程式的畫面並不難，因為在進行實機測試時，就可以順便將畫面擷取下來。以安卓手機為例，大多數的手機只要同時按下手機的「電源」鍵和下方中間的「Home」鍵，當快門聲音響起，螢幕閃爍一下，即可擷圖成功。以筆者的 SAMSUNG 手機為例，擷取下來的畫面會存放在「DCIM/Screenshots」資料夾中，只要手機連至電腦的狀態下，將擷圖的畫面拖曳到電腦上即可使用。

螢幕擷取畫面

9-4　上傳應用程式要領

上述的 aab 程式套件、描述文字和說明圖片都準備就緒後，接著就是前往 Play 管理中心，準備建立應用程式。

9-4-1　新建應用程式

請在網址列輸入網址：https://play.google.com/console/developers ，然後進行應用程式的建立。

❶ 按此前往 Play 管理中心

❷ 進入應用程式發布頁面，按下「建立應用程式」即可進行發布的設定

在如上的視窗中按下「建立應用程式」鈕後，首先是填寫應用程式的詳細資料，內容包含應用程式名稱、預設語言、應用程式或遊戲、是否收費，並勾選「開發人員計畫政策」與「美國出口法律」的聲明後，即可按下「建立應用程式」鈕進入資訊主頁。

❶ 依序填寫應用程式相關資料，並勾選聲明

❷ 按下「建立應用程式」鈕

❸進入資訊主頁

9-4-2 「資訊主頁」介紹

進入「資訊主頁」後需要完成的設定項目相當多也相當繁瑣，內容主要包含如下的三大類別，共有二十多項的設定，請依序按下「查看工作」的文字連結，就可以看到需要設定的項目。

▶ 立即開始測試

在尚未進行審查的情況下先進行內部測試。此部分需將應用程式提供給最多 100 位內部測試人員，並建立電子郵件名單和意見回饋網址。

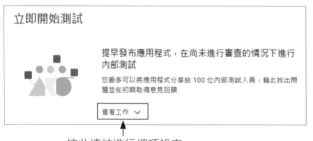

按此連結進行細項設定

設定應用程式

提供應用程式相關資訊並設定商店資訊，用以了解應用程式的內容，以便 Google Play 管理用程式的分類及呈現方式。

發布應用程式

此部分又包含如下四大區塊，主要是透過封閉式或開放式的測試，讓更多的測試人員為你進行應用程式的測試，透過預先註冊功能，讓你在推出應用程式前先發布商店資訊，應用程式正式推出後，系統會發送通知給所有預先註冊者，提醒他們下載應用程式，然後在 Google Play 上發布應用程式。

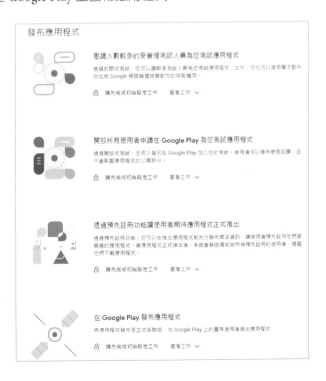

　　進行上架時須設定內部測試、封閉測試或公開測試，你的應用程式必須先執行內部測試後，再將應用程式發佈到封閉測試或公開測試，這是透過 Play 管理中心挑選特定群組來測試你的應用程式，也能開放 Google Play 使用者參與測試，透過各種測試來解決使用者體驗方面的問題或技術問題，特別是穩定性問題、Android 相容性問題、效能問題、安全漏洞、隱私權問題…等，以便在 Google Play 發布最完善的版本。

　　特別注意的是，你必須先測試應用程式才能發布正式版本，而公開測試、封閉測試和內部測試首次發布後，測試人員可能需要經過數小時才會看到測試的連結，如果發布額外更新，測試人員還要等上幾個小時後才會取得這些更新的資訊喔！

　　因為設定的項目相當繁複，在此不做詳述，各位只需把握一個原則，只要各項的前方自動打勾，同時文字顯示刪除線的效果，就表示該項的設定已經完成，依此方式自行完成各項的設定。

　　如下圖所示，在「設定應用程式」的類別中就有 10 項需要設定，包含應用程式相關資訊、應用程式存取權、內容分級、目標對象、資料安全性、廣告…等，那些已經設定完成皆可一目了然。

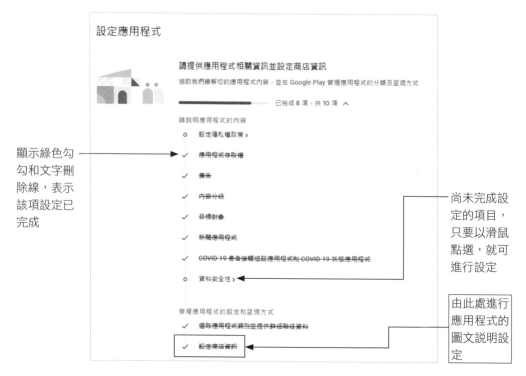

顯示綠色勾勾和文字刪除線，表示該項設定已完成

尚未完成設定的項目，只要以滑鼠點選，就可進行設定

由此處進行應用程式的圖文說明設定

9-4-3　設定商店資訊

　　前面我們預先準備了圖文說明的資料，這些描述文字和說明圖片都會在「設定商店資訊」中使用到，如上圖所示。當各位點選「設定商店資訊」，進入「主要商店資訊」的頁面，此處除了填寫應用程式的詳細資料外，應用程式圖示、主題圖片、手機螢幕截圖、平板電腦螢幕截圖、YouTube 影片介紹等，都是在此進行「上傳」。

❶依序輸入
描述文字

❷ 由區塊中按下「上傳」鈕，就可依序上傳應用程式圖示及主題圖片

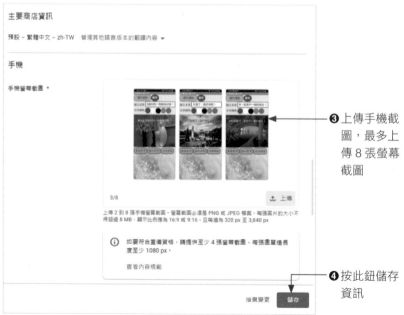

❸ 上傳手機截圖，最多上傳 8 張螢幕截圖

❹ 按此鈕儲存資訊

　　當各位按下「儲存」鈕，只要上傳的資料正確無缺漏，「設定商店資訊」的項目就宣告完成，而建立的過程中，這些資料會自動儲存成「草稿」狀態，方便各位繼續其他項目的設定。

9-4-4　上傳應用程式套件

　　進行內部測試、公開測試、和正式版的發布，都需要將應用程式套件上傳到 Google Play Console，也就是上傳 *.aab 格式。前面我們已經利用「打包 apk ／ Android App Bundle（.aab）」指令來打包專案，現在只要將完成的檔案或修正過的檔案上傳即可。這裡僅以內部測試做示範，公開測試和正式版發布則比照辦理即可。

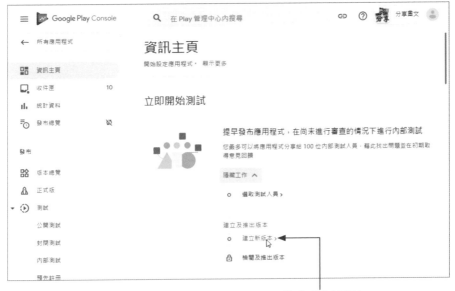

❶ 按此建立新版本

❷ 按此鈕建立新版本，以供內部測試之用

也可以按此建立新版本

❸ 按下「上傳」鈕，或是將 *aab 檔拖曳至此即可

由於上架的步驟繁複，而且 Google 官方的設定項目更新速度很快，這裡只做簡要的說明，詳細資訊各位可自行參閱「Play 管理中心說明」，以便取得最新的資訊。網址為：https://support.google.com/googleplay/android-developer/?hl=zh-Hant#topic=

在這資訊爆炸的時代，App 軟體不斷地被開發出來，Google Play 為了確保上架的 App 應用軟體有一定的水準和安全性，不但對程式應用簽署的金鑰有一定的規範，在測試方面也做了嚴謹的要求，目的就在保證「Play 商店」發布的軟體是最完善的版本，以贏得消費者的信賴。

MEMO

以免費影像處理軟體 GIMP 編修圖片

> 使用「Google 圖片」搜尋插圖

> 為插圖做去背景處理

> 裁切相片成為螢幕背景圖

　　在本書引領之下，相信各位對於專案的版面編排技巧與程式模塊的應用，都能有深一層的認識，要各位發揮創意進行專案設計應該不會太困難。這裡要補充說明的則是有關圖像方面的處理，網路上的圖片豐富而多樣，要什麼圖片都可以快速搜尋到，各位在學習階段所製作專案，只要不做商業用途，僅只於學校教學或實作練習，那麼大多數的網頁相片都可以運用，好讓自己的創意構思可以無限的發展。

　　設計符合自己構思的程式畫面，最好的方式就是使用繪圖軟體來進行編修製作，像是 GIMP、PhotoImpact、Paintshop Pro…等，都是很好用的圖形處理工具，製作一些簡單的圖鈕或背景圖案都相當的方便。用影像編輯程式還有一個好處，就是能將影像大小和解析度調整成手機可用的比例大小，或是裁切掉不適合的地方，讓主題變明顯。

　　這裡主要以功能強大的免費影像處理軟體 GIMP 繁體中文版做介紹，各位可以在網路上搜尋「GIMP」即可找到。附錄中只針對專案設計時可能用到的功能做說明，其餘的編修技巧請自行嘗試。

A-1　使用「Google 圖片」搜尋插圖

　　Google 圖片是搜尋插圖很好的工具，只要輸入想搜尋的主題就可以快速找到，在喜歡的圖片上按右鍵執行「另存圖片」指令，就能下載到自己的電腦中。Google 圖片網址為 https://www.google.com.tw/imghp?hl=zh-TW&tab=wi ，在進行搜尋時，如果加入關鍵字「png」，可以較容易找到已經做去背處理的插圖。

❶由此輸入搜尋的標題

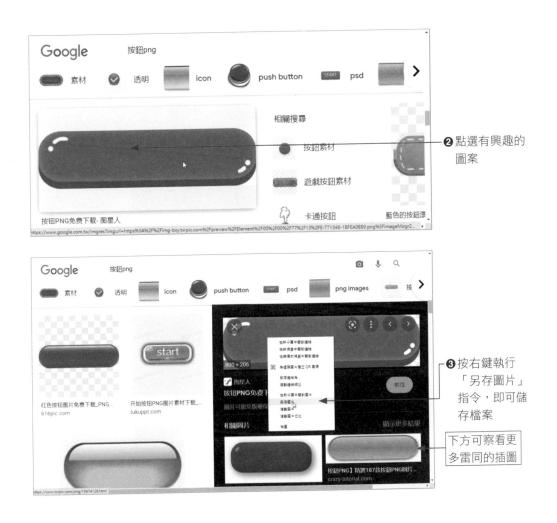

❷點選有興趣的圖案

❸按右鍵執行「另存圖片」指令，即可儲存檔案

下方可察看更多雷同的插圖

A-2　為插圖做去背景處理

　　找到喜歡的按鈕或圖片後，要如何做變更才能放到 App 的專案中，相信是很多人想知道的問題。網路上搜尋到的插圖很多是 JPG 的圖檔格式，所以像是有圓角造型的「按鈕」或是造型圖案，通常要做去背景的處理，這樣才能和各種背景底圖完美的搭配。

◉ 設定螢幕畫面尺寸

由於搜尋到的圖片大小不見的符合專案的比例，建議各位最好先開啟一個空白檔案來做參考。因為螢幕擷取畫面的最小尺寸為 320×480，所以建議由 GIMP 程式中執行「檔案／新增」指令，將寬度設為 320 像素，高度設為 480 像素，解析度為 72，使之開啟空白檔案。

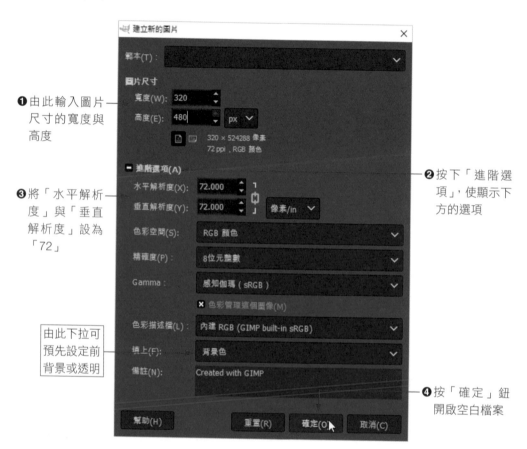

插入插圖

接下來將下載的 JPG 插圖直接拖曳到新開啟的檔案中，即可插入該按鈕圖。

❷ 直接拖曳到新開啟的空白檔案中，即可插入插圖

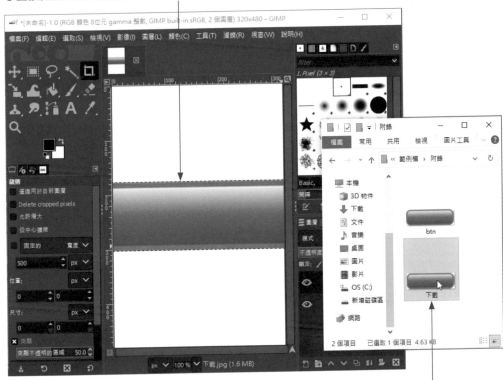

❶ 開啟圖檔所在的資料夾，點選縮不放

以「縮放」工具縮放插圖尺寸

從畫面中可以清楚比較出按鈕在手機上顯示的比例大小，若要縮放圖形的比例，請點選「縮放」工具後，拖曳四角的控制點來等比例縮放圖形。

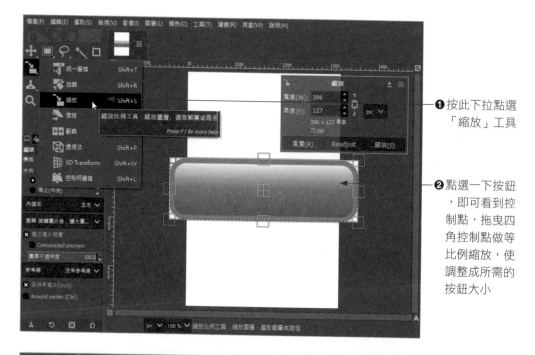

❶ 按此下拉點選「縮放」工具

❷ 點選一下按鈕，即可看到控制點，拖曳四角控制點做等比例縮放，使調整成所需的按鈕大小

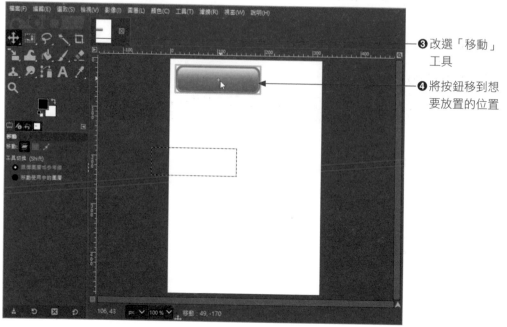

❸ 改選「移動」工具

❹ 將按鈕移到想要放置的位置

◉ 以「智慧型選取」工具刪除背景白色

由於按鈕插圖的四角留有白色背景，放在有色背景上並不好看，此時可以利用「智慧型選取」 工具配合「Delete」鍵來將它刪除。

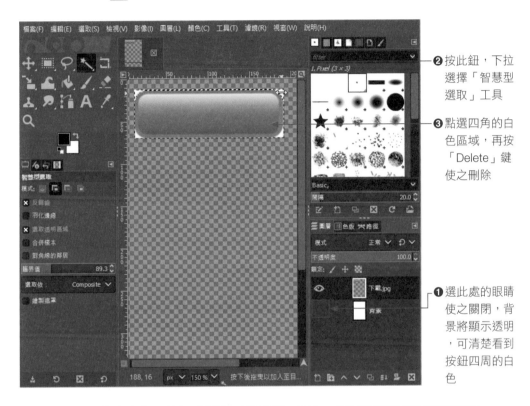

❷ 按此鈕，下拉選擇「智慧型選取」工具

❸ 點選四角的白色區域，再按「Delete」鍵使之刪除

❶ 選此處的眼睛使之關閉，背景將顯示透明，可清楚看到按鈕四周的白色

刪除四角的白色後，執行「選取／全不選」指令，可以清楚看到按鈕的效果。

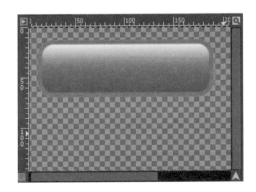

▶ 輸出成去背景的 png 格式

Png 格式支援 alpha 透明層，製作應用程式的圖示或是不規則造型的圖形，都必須儲存為 PNG 的格式，才能完美呈現圖形。各位可以先執行「影像／剪裁出內容」指令，使裁切掉多餘的部分，再執行「檔案／ Export」指令，就可以選擇 PNG 格式來進行按鈕的儲存。

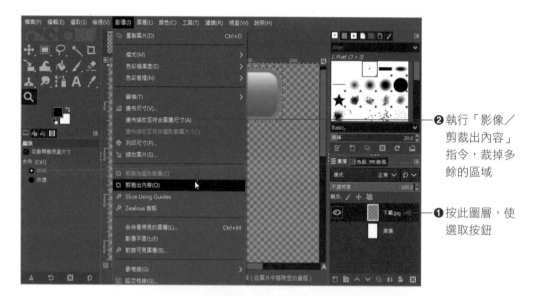

❷ 執行「影像／剪裁出內容」指令，裁掉多餘的區域

❶ 按此圖層，使選取按鈕

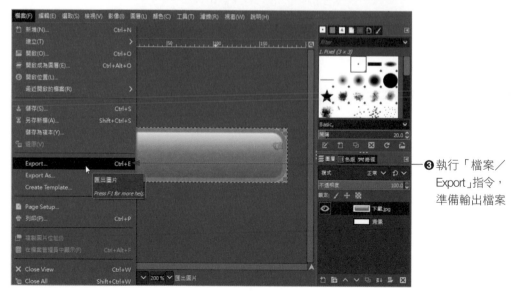

❸ 執行「檔案／Export」指令，準備輸出檔案

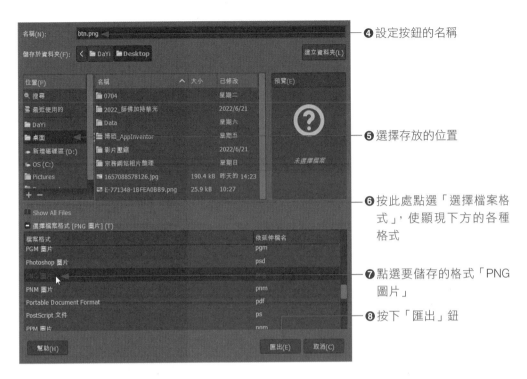

❹ 設定按鈕的名稱

❺ 選擇存放的位置

❻ 按此處點選「選擇檔案格式」，使顯現下方的各種格式

❼ 點選要儲存的格式「PNG圖片」

❽ 按下「匯出」鈕

❾ 再按下「匯出」鈕完成匯出的動作

運用這樣的方式，就可以在 App Inventor 中加入去背景的按鈕圖案了。

A-3 裁切相片成為螢幕背景圖

　　想要有一張漂亮的背景圖案當作螢幕的背景圖嗎？這裡也一併告訴你方法。當各位從網路上找到圖片後，請在 GIMP 中執行「檔案／開啟」指令將相片開啟，如下圖所示，是一張寬 1000 像素，高 666 像素的花海相片。

　　請利用「影像／縮放圖片」指令，調整成螢幕的高度 480，再將縮小後的圖片執行「編輯／複製」和「編輯／貼上」指令貼入寬 300 像素，高 480 像素的空白檔案中，以便決定圖片顯示的位置。

❶執行「影像／縮放圖片」指令

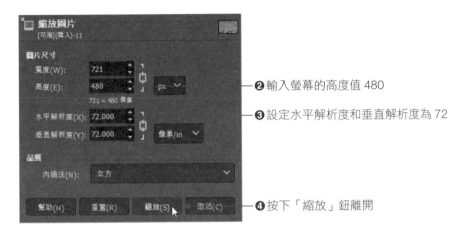

❷ 輸入螢幕的高度值 480

❸ 設定水平解析度和垂直解析度為 72

❹ 按下「縮放」鈕離開

❺ 執行「編輯／
複製」指令複
製圖片

❻ 執行「檔案／新增」指令進入此視窗，設定寬 320，高 480，解析度為 72 的圖片尺寸

❼ 按「確定」鈕新增空白檔案

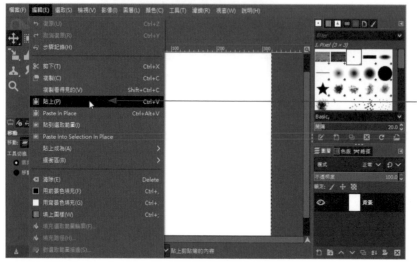

❽ 執行「編輯／貼上」指令，將圖片貼入

❾改選「移動」
工具

❿以滑鼠調整圖
片要顯示的位
置

　　確認位置後執行「檔案／Export」指令輸出檔案,依前面介紹的方式輸入檔名,
並設定 JPG 或 PNG 的圖檔格式就可搞定了。

MEMO